基本裤型变化

基础裤结构制图 / 第 013 页

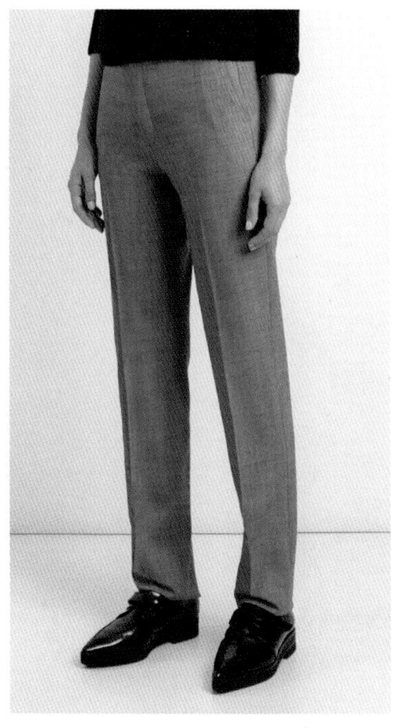

图 2-2

案例一：合体休闲裤 / 第 022 页

图 3-1

案例二：低腰瘦腿裤 / 第 025 页

图 3-10

案例三：弹力紧身裤 / 第 028 页

图 3-19

案例四：喇叭裤 / 第 031 页

图 3-25

拓展：无腰毛边喇叭裤 / 第 035 页

图 3-34

拓展：宽松喇叭裤 / 第 037 页

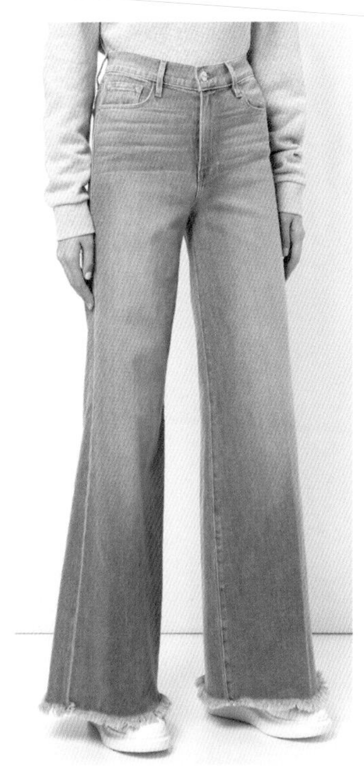

图 3-39

拓展：大口喇叭裤 / 第 039 页

图 3-43

案例五：连腰九分锥形裤 / 第 042 页

图 3-48

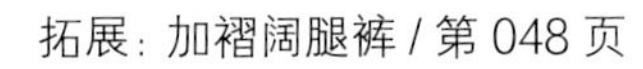

拓展：无腰七分锥形裤 / 第 044 页

图 3-52

案例六：阔腿裤 / 第 046 页

图 3-55

拓展：加褶阔腿裤 / 第 048 页

图 3-58

时尚款裤型变化

案例七：裙裤 / 第 050 页

图 3-61

案例一：无腰省阔腿七分裤 / 第 052 页

图 4-1

拓展：无腰省阔腿短裤 / 第 055 页
▼

图 4-6

案例二：阔腿裙裤 / 第 056 页

图 4-9

拓展：系带开衩裙裤 / 第 058 页

图 4-12

案例三：无腰纵向分割拉链装饰短裤 / 第 060 页
▼

图 4-15

拓展：连腰纵向分割双排扣装饰短裤 / 第 061 页
▼

图 4-20

案例四：单褶裥连腰八分裤 / 第 063 页

图 4-25

拓展：单褶裥连腰短裤 / 第 065 页

图 4-29

拓展：单褶裥拼接短裤 / 第 067 页

图 4-33

拓展：中心装饰褶裥短裤 / 第 069 页

图 4-38

案例五：装饰褶裥九分裤 / 第 071 页

图 4-44

拓展：装饰褶裥喇叭裤 / 第 074 页

图 4-49

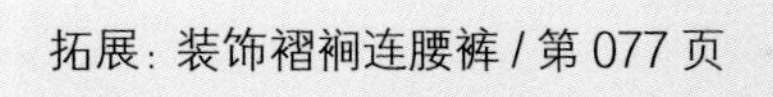

拓展：装饰褶裥连腰裤 / 第 077 页

▼

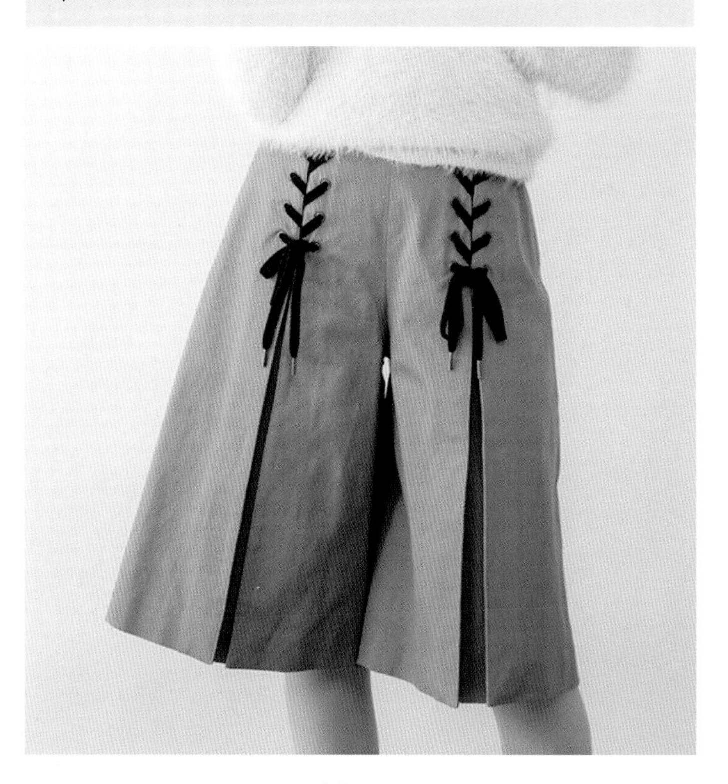

图 4-55

拓展：侧缝装饰褶裥裤 / 第 081 页

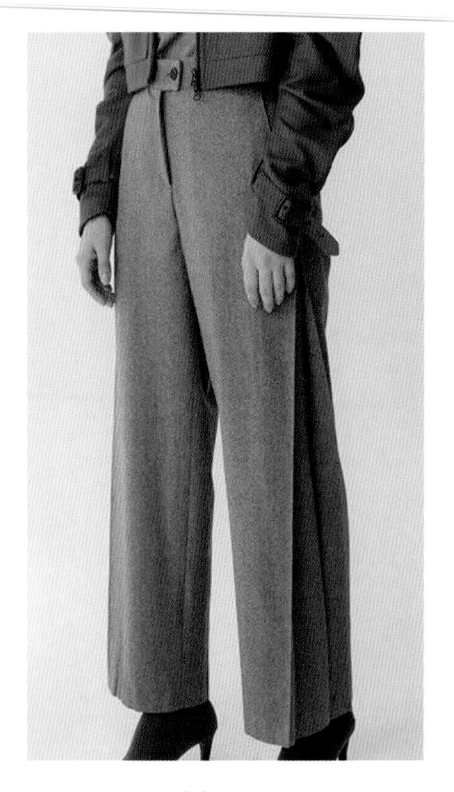

图 4-61

拓展：侧缝装饰褶裥短裤 / 第 083 页

图 4-65

案例六：前开口分片休闲裤 / 第 085 页

图 4-70

拓展：前开口一片休闲裤 / 第 089 页

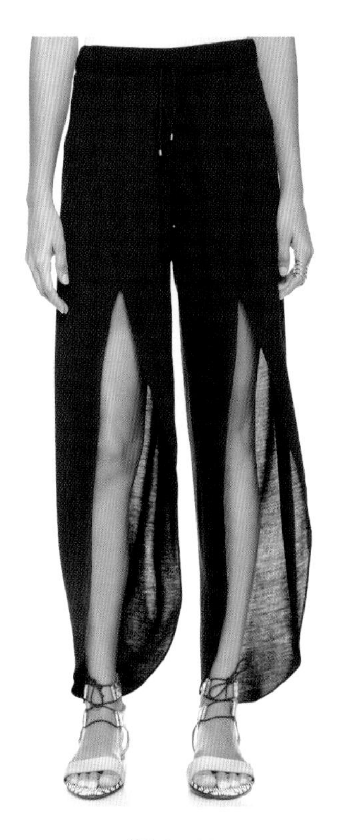

图 4-75

案例七：三片休闲短裤 / 第 093 页 ▼

图 4-80

拓展：四片时尚九分裤 / 第 095 页

图 4-84

案例八：落裆收腿裤 / 第 097 页

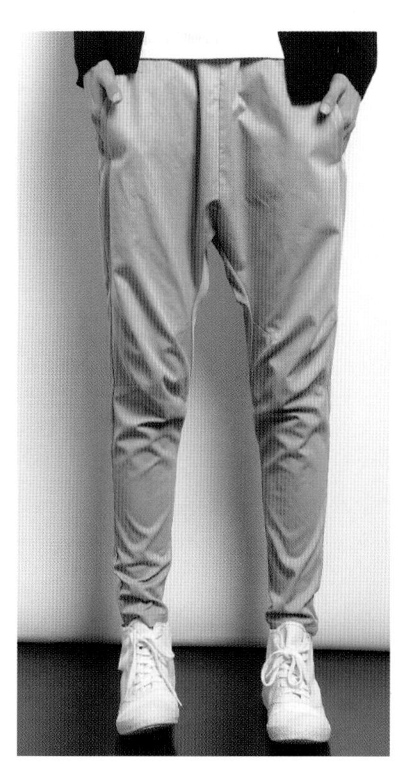

图 4-87

拓展：低腰落裆九分裤 / 第 100 页

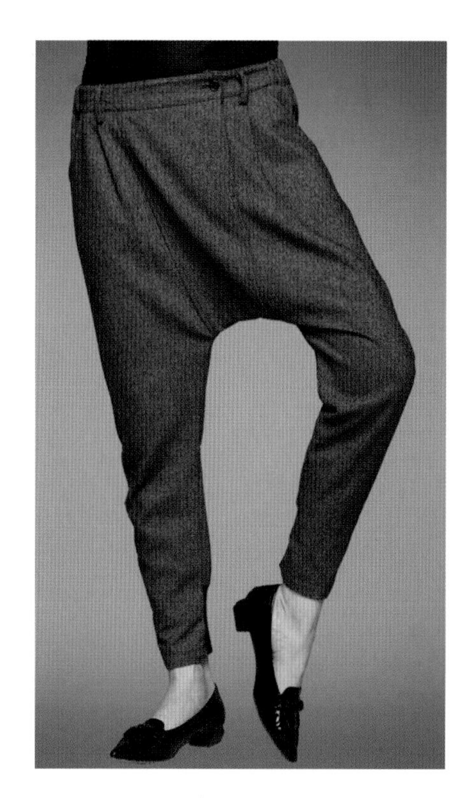

图 4-92

案例九：连裆牛仔短裤 / 第 102 页

图 4-96

拓展：连裆抽褶休闲裤 / 第 104 页

图 4-106

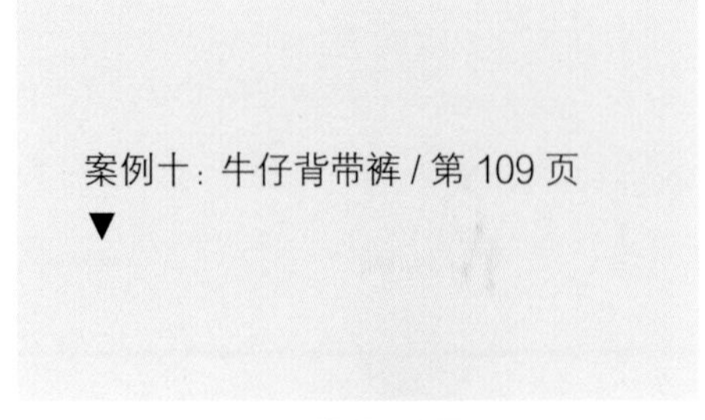

案例十：牛仔背带裤 / 第 109 页

▼

图 4-117

“十三五”普通高等教育本科部委级规划教材

女裤装结构设计：

成衣案例分析手册

STRUCTURAL DESIGN OF WOMEN'S TROUSERS:
READY-TO-WEAR CASE ANALYSIS MANUAL

刘 旭 | 著

中国纺织出版社有限公司

内 容 提 要

本书为“十三五”普通高等教育本科部委级规划教材。

本书分为准备模块和专项模块。准备模块是对女裤装结构设计基础常识的介绍，包括基本裤的结构制图方法和裤装结构设计原理分析。专项模块分为基本裤型变化案例和时尚款裤型变化案例两部分。案例翔实，以日本文化服装学院裤装制图方法为基础，制图步骤详细。通过案例的组合和分析，引导学生结构设计思维模式的形成与构建，注重培养他们结构设计的延展性。

本书既可作为高等院校服装专业教材，也可作为服装行业相关人士参考用书。

图书在版编目（CIP）数据

女裤装结构设计：成衣案例分析手册 / 刘旭著．--北京：中国纺织出版社有限公司，2020.8

“十三五”普通高等教育本科部委级规划教材

ISBN 978-7-5180-7446-4

Ⅰ．①女…　Ⅱ．①刘…　Ⅲ．①女服—裤子—结构设计—高等学校—教材　Ⅳ．① TS941.717

中国版本图书馆 CIP 数据核字（2020）第 085100 号

策划编辑：魏　萌　　责任校对：楼旭红　　责任印制：王艳丽

中国纺织出版社有限公司出版发行
地址：北京市朝阳区百子湾东里A407号楼　邮政编码：100124
销售电话：010—67004422　传真：010—87155801
http://www.c-textilep.com
中国纺织出版社天猫旗舰店
官方微博http://weibo.com/2119887771
北京玺诚印务有限公司印刷　各地新华书店经销
2020 年 8 月第 1 版第 1 次印刷
开本：889×1194　1/16　印张：7.5　插页：8
字数：215千字　定价：42.80元

前 言

编写本系列教材的想法由来已久，具体思路和框架，是在教学实践中经过反复不断地调整和修正，才最终确定下来的。针对学生在实践中经验及应用变化能力不足的问题，深感迫切需要一本既能体现教学知识体系框架和内容，又能结合服装款式变化多样这一特点的实用性教材，以弥补学生实践经验少，应变能力不足的弱点。本系列教材力求从服装结构设计的角度出发，注重开发、引导及培养学生结构设计思维体系的构建。教材结构设计思路新颖，符合当下学生学习心理特征与实际需要，有别于单纯案例罗列的书籍。

本系列教材共分三册，以实际案例的形式，对女上装、女裤装、女裙装结构设计分别讲解。本书《女裤装结构设计：成衣案例分析手册》共分两个模块：准备模块和专项模块。准备模块是对女裤装结构设计基础常识的介绍，包括基础裤的结构制图方法和裤装结构设计原理分析。专项模块分为基本裤型变化案例和时尚款裤型变化案例两部分。在这两部分的案例中加入了款式拓展环节，旨在增强学生在结构设计中举一反三的能力。书中案例翔实，与实际联系紧密，每个案例都精心挑选，款式力求经典，有代表性与延展性。每个案例涵盖不同知识点，案例排序由浅入深，符合学生学习规律。

建议学习方法，首先熟悉掌握基础裤的制图方法和规律，再依循案例由浅入深逐步学习。日本文化服装学院基础裤的号型尺寸腰、臀差较大，本书依据中国标准号型尺寸进行了调整，具体制图时需灵活应用。本书主张一板多用，思维模式灵活，通过案例的组合和分析，逐步引导学生结构设计思维模式的形成与构建，注重培养他们服装结构设计的延展性。

作者

2020 年 1 月

目 录

准备模块

模块 1　女裤装结构设计基础常识　002

1. 裤装结构设计分类　002

2. 人体测量部位与方法　003

3. 服装号型　006

4. 服装常用制图符号表　010

5. 裤装常用英文缩写代号　011

模块 2　女裤装结构设计与分析　012

1. 基础裤结构设计制图　012

2. 裤装结构放松量的设计分析　017

3. 裤装裆部结构的设计分析　018

专项模块

模块 3　基本裤型变化案例　022

1. 基本裤型变化案例一：合体休闲裤　022

2. 基本裤型变化案例二：低腰瘦腿裤　024

3. 基本裤型变化案例三：弹力紧身裤　028

4. 基本裤型变化案例四：喇叭裤　030

5. 基本裤型变化案例五：连腰九分锥形裤 042
6. 基本裤型变化案例六：阔腿裤 046
7. 基本裤型变化案例七：裙裤 050

模块 4　时尚款裤型变化案例 052
1. 时尚款裤型变化案例一：无腰省阔腿七分裤 052
2. 时尚款裤型变化案例二：阔腿裙裤 056
3. 时尚款裤型变化案例三：无腰纵向分割拉链装饰短裤 060
4. 时尚款裤型变化案例四：单褶裥连腰八分裤 063
5. 时尚款裤型变化案例五：装饰褶裥九分裤 071
6. 时尚款裤型变化案例六：前开口分片休闲裤 084
7. 时尚款裤型变化案例七：三片休闲短裤 093
8. 时尚款裤型变化案例八：落裆收腿裤 097
9. 时尚款裤型变化案例九：连裆牛仔短裤 102
10. 时尚款裤型变化案例十：牛仔背带裤 109

后 记 112

准备模块

模块 1　女裤装结构设计基础常识

1. 裤装结构设计分类

裤子是将人体下半身的两腿分别包裹起来的服装种类。穿着后下肢能活动自如，在服装品类中占有重要的地位。随着服装文化的发展，裤子的装饰性越来越强，在形状、长短、局部细节上的设计变化越来越丰富。

1.1　按裤子长度分类（图 1–1）

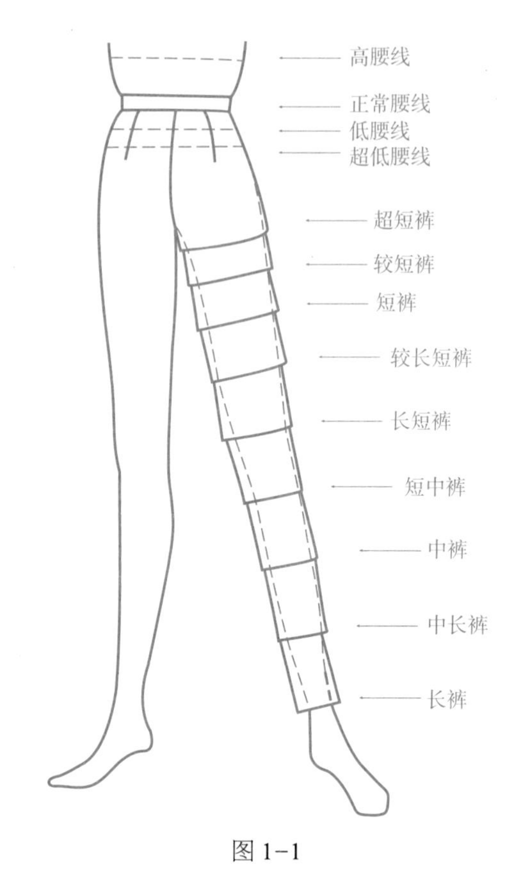

图 1–1

1.2　按裤子外轮廓形状分类（图 1–2）

直筒裤	紧身裤	小锥形裤	大锥形裤	大喇叭裤	小喇叭裤	裙裤
笔直外形的裤子	整体贴身包腿	臀部宽松，到裤口处自然变窄	上裆较深，裤片肥大，裤口细窄	膝部以上紧身，膝部以下到裤口处宽大	从臀部或大腿根部至裤口逐渐宽大	裤腿肥大

图 1–2

1.3　按裤前片腰省形态分类（图 1–3）

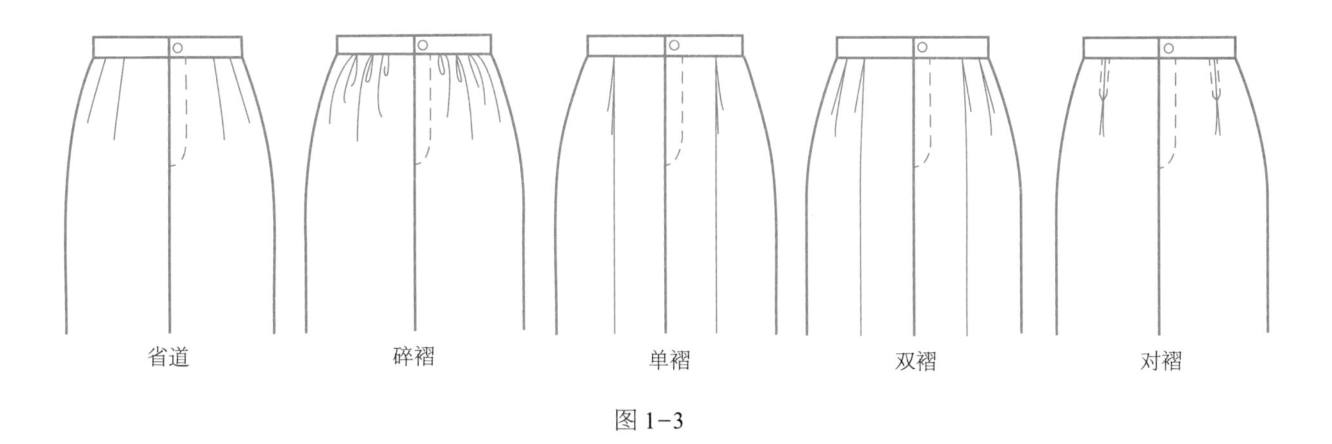

图 1–3

1.4　按裤口形态分类（图 1–4）

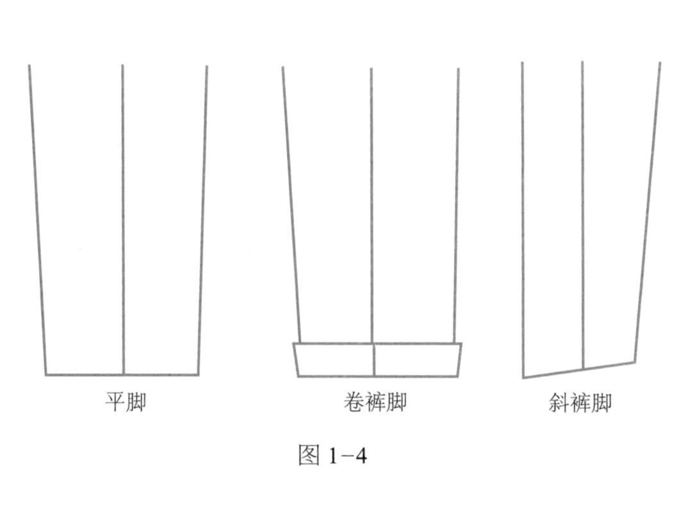

图 1–4

2. 人体测量部位与方法

2.1　体型的观察与尺寸测量时注意事项

人体下肢即使围度尺寸相同，从侧面来观察时，体型上也有不同的差异，要充分观察被测者腰部的厚度、臀部的起翘、大腿及大腿部突出的形态，在制图中加以考虑是很重要的，如图 1–5 所示。测量时被测者应穿着紧身裤，适当高度的鞋，在腰围处可加入细带标注其位置，并保持水平。

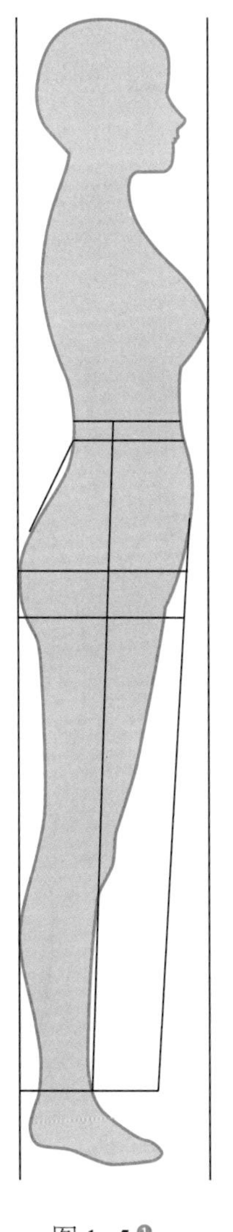

图 1–5[1]

[1] 文化服装学院．文化ファッション大系 改訂版・服飾造形講座②スカート・パンツ [M]．东京：文化学園 文化出発局，2013：134.

2.2 测量部位和测量方法（图 1-6）

① 腰围、腹围、臀围尺寸的测量：注意测量时尺不易过紧，对于腹部比较突出的、大腿部较发达的特殊体型，在测量时要预估多余量，以防止尺寸的不足。

② 裤长的测量：测量从腰围到脚踝处的直线距离。以这个尺寸为基准，根据设计要求进行适当的增减。

③ 下裆长的测量：从耻骨点最下端测量至脚踝处。测量该部位尺寸时把直尺夹在裆部进行测量为佳，测量时也要注意保持直尺水平。

④ 上裆长的测量：如图 1-7 所示，可直接测量。也可根据计算得出，用裤长数值减去下裆长数值。

⑤ 腰长的测量：从腰围线至臀围线（臀部最丰满处水平线）的长度。

⑥ 上裆前后长（a 至 b）的测量：从腰围前中心线通过裆下量至腰围后中心线的长度。

⑦ 大腿围的测量：大腿部最粗部位一周长度。

⑧ 膝围的测量：膝关节中央一周长度。

⑨ 小腿围的测量：小腿最丰满处围量一周长度。

⑩ 脚踝围的测量：脚踝处围量一周长度。

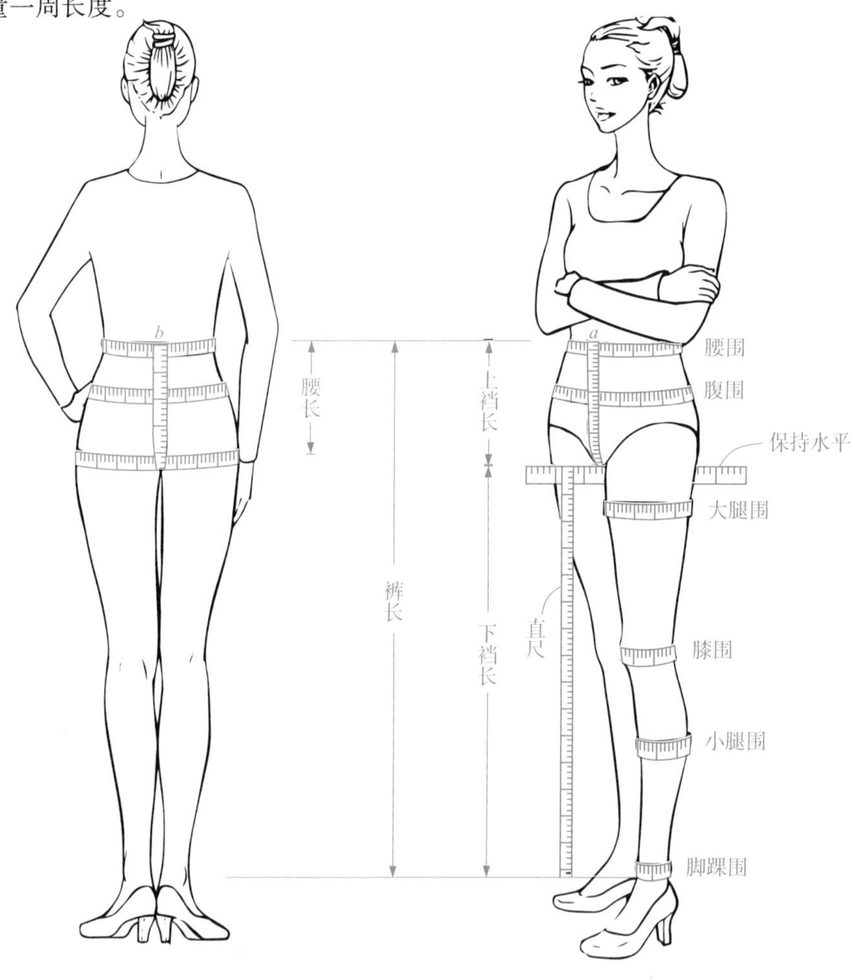

图 1-6[1]

[1] 文化服装学院．文化ファッション大系 改訂版 · 服飾造形講座②スカート · パンツ [M]．东京：文化学園文化出発局，2013：135.

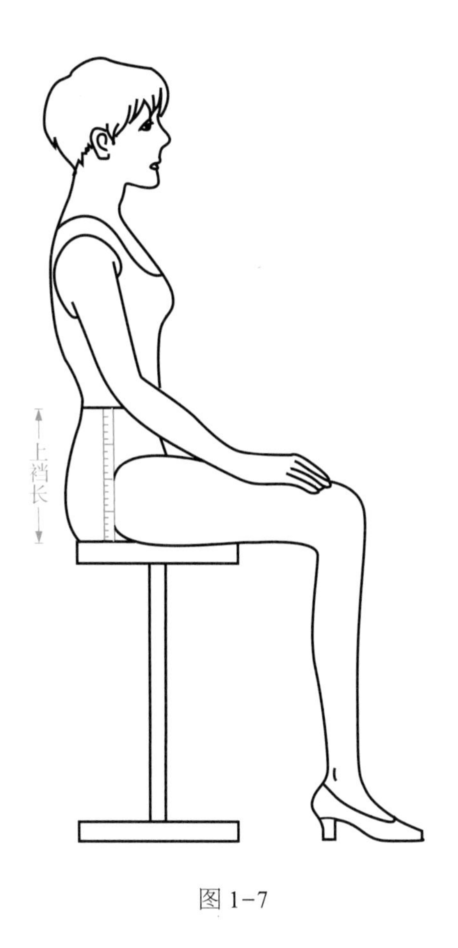

图 1-7

2.3 文化服装学院女学生参考尺寸表（表 1-1）

表 1-1 服装制作测量项目和标准值（文化服装学院 1998 年）

测量项目		标准值
围度尺寸	胸围	84.0
	胸下围	70.0
	腰围	64.5
	腹围	82.5
	臀围	91.0
	臂根围	36.0
	上臂围	26.0
	肘围	22.0
	手腕围	15.0
	手掌围	21.0
	头围	56.0
	颈围	37.5
	大腿围	54.0
	小腿围	34.5

续表

测量项目		标准值
宽度尺寸	背肩宽	40.5
	背宽	33.5
	胸宽	32.5
	双乳间宽	16.0
长度尺寸	身长	158.5
	总长	134.0
	背长	38.0
	后长	40.5
	前长	42.0
	乳高	25.0
	臂长	52.0
	腰高	97.0
	腰长	18.0
	上裆长	25.0
	下裆长	72.0
	膝长	57.0
其他	上裆前后长	68.0
	体重	51.0

资料来源：文化服装学院．文化ファッション大系 改訂版・服飾造形講座① 服飾造形の基礎 [M]. 东京：文化学園文化出発局，2013：71.

3. 服装号型

3.1 服装号型常识

服装号型：是服装规格的长短与肥瘦的标志，是根据正常人体型规律和使用需要选用的最有代表性的部位（身高、胸围、腰围），经过合理归并设置的。

号：指人体的身高，以厘米为单位表示，是设计和选购服装长短的依据。

型：指人体的上体胸围或下体腰围，以厘米为单位表示，是设计和选购服装肥瘦的依据。

上装的“型”表示净胸围的厘米数。

下装的“型”表示净腰围的厘米数。

3.2 服装号型标注与应用

服装产品出厂时必须标明成品的号型规格，并可加注人体体型分类代号（表 1–2）。

表 1-2 我国成人女子体型分类 单位：cm

女子体型	体型分类代号	Y	A	B	C
	胸围与腰围差数	19 ~ 24	14 ~ 18	9 ~ 13	4 ~ 8

例：女上装号型 160／84A，表示适合身高在 158 ~ 162cm，净胸围在 82 ~ 85cm，胸围与腰围差在 14 ~ 18 cm 的 A 体型者穿着。

例：女下装号型 160／68A，表示适合身高在 158 ~ 162cm，净腰围 67 ~ 69cm，胸围与腰围差在 14 ~ 18cm 的 A 体型者穿着。

3.3 服装号型系列

服装号型系列是把人体的号和型进行有规律的分档排列。我国 GB／T 1335—2008《服装号型》标准中，成人服装号型系列按照成人体型分为四类，每类包括 5·4 系列、5·2 系列。身高以 5cm 分档，胸围以 4cm 分档，腰围以 4cm、2cm 分档，组成 5·4 系列、5·2 系列。通常上装多采用 5·4 系列，下装多采用 5·4、5·2 系列。

例：女上装类 5·4 系列的号型规格，表示身高每隔 5cm，胸围每隔 4cm 分档组成的系列。如：155／80、160／84、165／88……

女下装类 5·2 系列的号型规格，表示身高每隔 5cm，腰围每隔 2cm 分档组成的系列。如：155／66、160／68、165／70……

3.4. 参考尺寸表

在服装结构设计中，标准的参考尺寸和规格是不可少的重要内容，它既是样板师制板的尺寸依据，同时又决定了服装工业化生产后期推板放缩及相关质量管理的准确性和科学性。了解和运用标准的参考尺寸和规格表具有实际意义。

表 1-3 ~ 表 1-6 是我国 GB／T 1335—2008《服装号型》标准中，配合 4 个号型系列的“服装号型各系列控制部位数值”。随着身高、胸围、腰围分档数值的递增或递减，人体其他主要部位的尺寸也会相应地有规律变化，这些人体主要部位就叫控制部位。控制部位数值是净体数值，即相当于量体的参考尺寸，是设计服装规格的依据。

表 1–3　5・4、5・2 Y 号型系列控制部位数值

单位：cm

Y																
部位	数值															
身高	145		150		155		160		165		170		175		180	
颈椎点高	124.0		128.0		132.0		136.0		140.0		144.0		148.0		152.0	
坐姿颈椎点高	56.5		58.5		60.5		62.5		64.5		66.5		68.5		70.5	
全臂长	46.0		47.5		49.0		50.5		52.0		53.5		55.0		56.5	
腰围高	89.0		92.0		95.0		98.0		101.0		104.0		107.0		110.0	
胸围	72		76		80		84		88		92		96		100	
颈围	31.0		31.8		32.6		33.4		34.2		35.0		35.8		36.6	
总肩宽	37.0		38.0		39.0		40.0		41.0		42.0		43.0		44.0	
腰围	50	52	54	56	58	60	62	64	66	68	70	72	74	76	78	80
臀围	77.4	79.2	81.0	82.8	84.6	86.4	88.2	90.0	91.8	93.6	95.4	97.2	99.0	100.8	102.6	104.4

表 1–4　5・4、5・2 A 号型系列控制部位数值

单位：cm

A																								
部位	数值																							
身高	145			150			155			160			165			170			175			180		
颈椎点高	124.0			128.0			132.0			136.0			140.0			144.0			148.0			152.0		
坐姿颈椎点高	56.6			58.5			60.5			62.5			64.5			66.5			68.5			70.5		
全臂长	46.0			47.5			49.0			50.5			52.0			53.5			55.0			56.5		
腰围高	89.0			92.0			95.0			98.0			101.0			104.0			107.0			110.0		
胸围	72			76			80			84			88			92			96			100		
颈围	31.2			32.0			32.8			33.6			34.4			35.2			36.0			36.8		
总肩宽	36.4			37.4			38.4			39.4			40.4			41.4			42.4			43.4		
腰围	54	56	58	58	60	62	62	64	66	66	68	70	70	72	74	74	76	78	78	80	82	82	84	86
臀围	77.4	79.2	81.0	81.0	82.8	84.6	84.6	86.4	88.2	88.2	90.0	91.8	91.8	93.6	95.4	95.4	97.2	99.0	99.0	100.8	102.6	102.6	104.4	106.2

表 1-5　5·4、5·2 B 号型系列控制部位数值

单位：cm

B																						
部位	数值																					
身高	145		150			155		160			165			170		175			180			
颈椎点高	124.5		128.5			132.5		136.5			140.5			144.5		148.5			152.5			
坐姿颈椎点高	57.0		59.0			61.0		63.0			65.0			67.0		69.0			71			
全臂长	46.0		47.5			49.0		50.5			52.0			53.5		55.0			56.5			
腰围高	89.0		92.0			95.0		98.0			101.0			104.0		107.0			110.0			
胸围	68		72		76		80		84		88		92		96		100		104		108	
颈围	30.6		31.4		32.2		33.0		33.8		34.6		35.4		36.2		37.0		37.8		38.6	
总肩宽	34.8		35.8		36.8		37.8		38.8		39.8		40.8		41.8		42.8		43.8		44.8	
腰围	56	58	60	62	64	66	68	70	72	74	76	78	80	82	84	86	88	90	92	94	96	98
臀围	78.4	80.0	81.6	83.2	84.8	86.4	88.0	89.6	91.2	92.8	94.4	96.0	97.6	99.2	100.8	102.4	104.0	105.6	107.2	108.8	110.4	112.0

表 1-6　5·4、5·2 C 号型系列控制部位数值

单位：cm

C																								
部位	数值																							
身高	145			150			155			160			165			170			175				180	
颈椎点高	124.5			128.5			132.5			136.5			140.5			144.5			148.5				152.5	
坐姿颈椎点高	56.6			58.5			60.5			62.5			64.5			66.5			68.5				70.5	
全臂长	46.0			47.5			49.0			50.5			52.0			53.5			55.0				56.5	
腰围高	89.0			92.0			95.0			98.0			101.0			104.0			107.0				110.0	
胸围	68		72		76		80		84		88		92		96		100		104		108		112	
颈围	30.8		31.6		32.4		33.2		34.8		34.8		35.6		36.4		37.2		38.0		38.8		39.6	
总肩宽	34.2		35.2		36.2		37.2		38.2		39.2		40.2		41.2		42.2		43.2		44.2		45.2	
腰围	60	62	64	66	68	70	72	74	76	78	80	82	84	86	88	90	92	94	96	98	100	102	104	106
臀围	78.4	80.0	81.6	83.2	84.8	86.4	88.0	89.6	91.2	92.8	94.4	96.0	97.6	99.2	100.8	102.4	104.0	105.6	107.2	108.8	110.4	112.0	113.6	115.2

4. 服装常用制图符号表（表 1–7）

表 1–7 服装常用制图符号表

表示事项	表示符号	说明	表示事项	表示符号	说明
引导线（基础线）		为引出目的线所设计的向导线，用细实线或者虚线显示	交叉线的区别		表示左右线交叉的符号
等分线	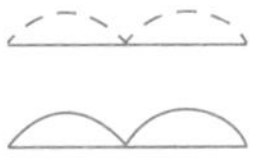	表示按一定长度分成等分，用实线或者虚线都可	布纹方向线		箭头表示布纹的经向
完成线（净缝线）	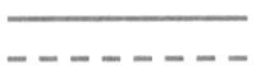	纸样完成的轮廓线用粗实线或粗虚线来表示	斜向	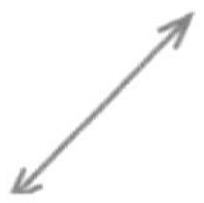	表示布纹的斜势方向
贴边线 挂面线		表示装贴边的位置和大小尺寸	绒毛的朝向	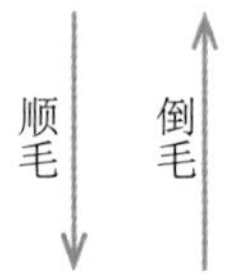 顺毛 倒毛	在有绒毛或有光泽的布上表示绒毛的倒向方向
对折裁线		表示对折裁的位置	拉伸		表示拉伸位置
翻折线		表示折边的位置或折进的位置	缩缝		表示缩缝位置
缉线		表示缉线位置，也可表示缉线的始和终端	归拢		表示归拢位置
胸点（BP）	×	表示胸高点（BP）	折叠、切展	 切展 折叠	表示折叠（闭合）及切展（打开）
直角		表示直角	拼合		表示裁布时样板拼合裁剪的符号
对合符号	 后 前	两片衣片合并缝时为防止错位而做的符号。也称剪口、眼刀	活褶		往下端方向拉引一根斜线表示高的一面倒压在低的一面上
单褶	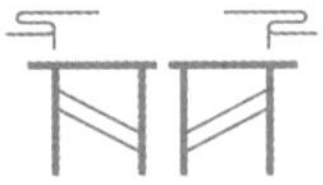	朝褶的下端方向引两根斜线，高端一面倒压在低端一面上	纽扣		表示纽扣位置
对褶	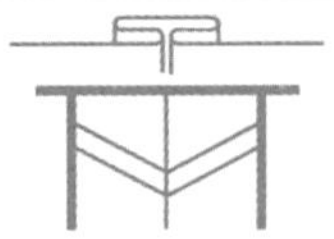		扣眼		表示纽扣扣眼位置

资料来源：文化服装学院．文化ファッション大系 改訂版・服飾造形講座① 服飾造形の基礎 [M]. 东京：文化学園文化出発局，2013：80，81.

5. 裤装常用英文缩写代号（表 1-8）

表 1-8 常用英文字母缩写代号

序号	部位名称	英文名称	代号
1	腰围	Waist	W
2	腹围（中臀围）	Meddle Hip	MH
3	臀围	Hip	H
4	腰围线	Waist Line	WL
5	腹围线（中臀围线）	Meddle Hip Line	MHL
6	臀围线	Hip Line	HL
7	膝围线	Knee Line	KL

模块 2　女裤装结构设计与分析

1. 基础裤结构设计制图

1.1　裤子各部位结构名称（图 2-1）

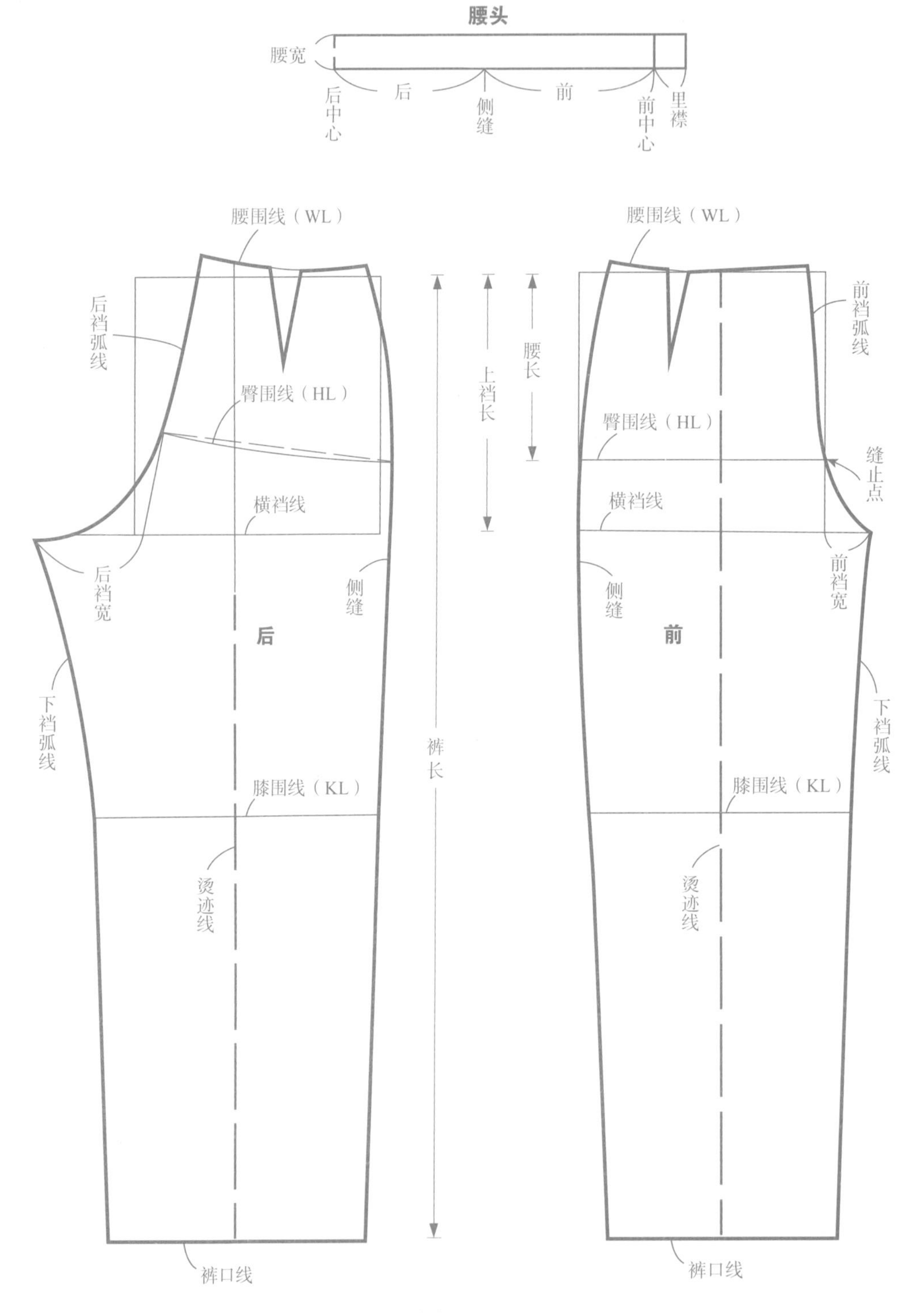

图 2-1

1.2 基础裤结构制图

基础裤裤型为直筒型，从臀围线到裤口线从外观看成直线型的造型。因为从腰围到臀围较合体，从大腿部到膝部较宽松，所以从侧面观察造型比较美观，能够弥补体型的不足（图 2-2、图 2-3）。具体规格尺寸设计见表 2-1。

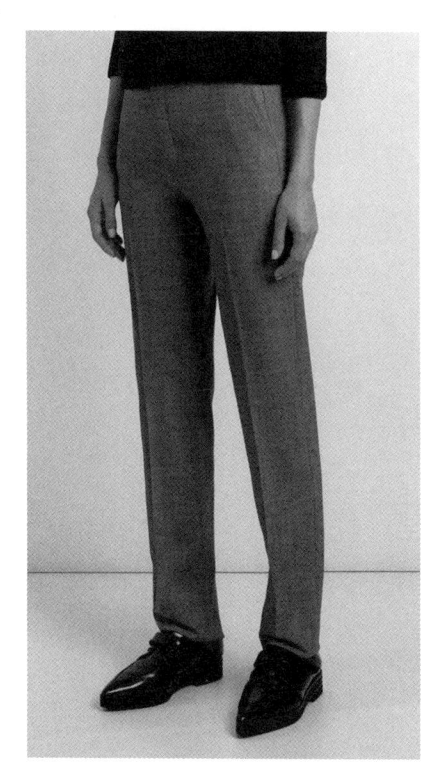

图 2-2

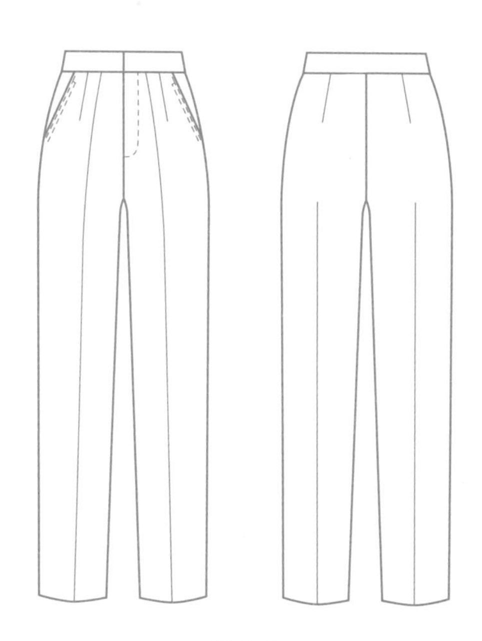

图 2-3

表 2-1 规格表　　单位：cm

号 / 型	部位	裤长	腰围（W）	臀围（H）	上裆长	腰长	腰头宽
160/68A	净体尺寸	91	68	90	25	18	—
	成品尺寸	99	69	95	25	18	3

基础裤制图说明：

本书结构图以号型为 160/68A 规格的尺寸制图。规格表中裤长的净体尺寸是从腰围到脚踝处的长度 91cm，裤长的成品尺寸是在净体尺寸基础上加减变化的尺寸，是加腰头宽或减去低腰量的实际尺寸。

基础裤制图常用尺寸参考：

裤长净体尺寸：档差为 2.7cm。即身高每增减 5cm，裤长净体尺寸随之增减 2.7cm。如号型为 165/72A，即身高 165cm，在身高 160cm，裤长 91cm 的基础上，号型为 165/72A 的裤长净体尺为 91cm+2.7cm=93.7cm。

腰围尺寸：档差为 4cm。即身高每增减 5cm，腰围尺寸随之增减 4cm。如号型为 165/72A，即身高 165cm，在身高 160cm，腰围 68cm 的基础上，号型为 165/72A 的腰围尺寸为 68cm+4cm=72cm。

臀围尺寸：档差为3.6cm。即身高每增减5cm，臀围尺寸随之增减3.6cm。如号型为165/72A，即身高165cm，在身高160cm，臀围90cm的基础上，号型为165/72A的臀围尺寸为90cm+3.6cm=93.6cm。

上裆长尺寸：档差为0.8cm。即身高每增减5cm，上裆长尺寸随之增减0.8cm。如号型为165/72A，即身高165cm，在身高160cm，上裆长25cm的基础上，号型为165/72A的上裆长尺寸为25cm+0.8cm=25.8cm。

腰长尺寸：档差为0.5cm。即身高每增减5cm，腰长尺寸随之增减0.5cm。如号型为165/72A，即身高165cm，在身高160cm，腰长18cm的基础上，号型为165/72A的腰长尺寸为18cm+0.5cm=18.5cm。

本书中的W、H表示净腰围、净臀围尺寸。

前片：

① 画基础线。先画一条水平线为腰围线，取上裆长与腰围线成直角画垂线，取腰长画水平线为臀围线，在臀围线上取$H/4+2$cm画垂线为前裆辅助线并作出横裆线。裤长取91cm+5cm，5cm为基础裤长的加长量。绘制如图2-4所示。

② 在横裆线上截取前裆宽，前裆是将ⓐ、ⓑ之间距离4等分，以等分量减1.5cm为前裆宽标准值，这个量要根据人体的厚度进行适当增减，绘制如图2-4所示。

③ 画中缝线。在ⓐ、ⓒ之间距离二等分的位置作为中缝线，在此线上量取裤长（91cm+5cm），绘制如图2-4所示。

④ 画膝围线。将下裆长二等分，在等分点向上7cm作为膝围线位置。膝围线比实际的膝部位置稍稍偏上，造型比较优美，绘制如图2-5所示。

⑤ 确定裤口宽，画侧缝线和下裆线。将ⓐ点与裤口宽连接，在膝线位置反向截取等长量，将该点与ⓒ点连接画下裆缝线，绘制如图2-5所示。

⑥ 画前裆弧线。将臀围线与前裆辅助线交点与ⓒ点连接，过ⓑ点做该线的垂线，再过垂线1/3点画顺前裆弧线，前中心腰围线位置向里1.5cm弧线画顺，绘制如图2-6所示。

⑦ 画腰围线和腰省。在侧线位置腰围线向内进1.5～2.5cm，为了适应腰部的体型，向上翘0.7～1.2cm，然后画顺侧缝线、腰围线。量取腰围大，余量作为省的大小。省的位置是将中缝线与侧缝线之间腰线二等分，绘制如图2-6所示。

⑧ 画侧缝袋位置，并画出前袋缉明线位置，绘制如图2-6所示。

后片：

① 以前片基础线为基准，画后片基础线，膝围和裤口尺寸是以前片的基准两侧各放1.5cm，绘制如图2-6所示。

② 画后裆弧线和下裆线。将中缝线与ⓓ点之间距离二等分，等分点向里1cm，ⓑ点向里1cm，将两点直线连接并在腰围线上起翘2～2.5cm。后裆弧线的倾斜度，是由臀部的丰满度决定的，越丰满倾斜度越大，同时腰围线上起翘量越大，反之越小。弧线画顺后裆线和下裆线，绘制如图2-6所示。

③ 前、后片绘制完成后将前、后裆弧线拼合确认弧线的圆顺度，绘制如图2-7所示。

④ 画腰围线和侧缝线。如图2-8所示在臀围线上量取后臀围尺寸，此点（ⓘ点）与膝围点连线并延长

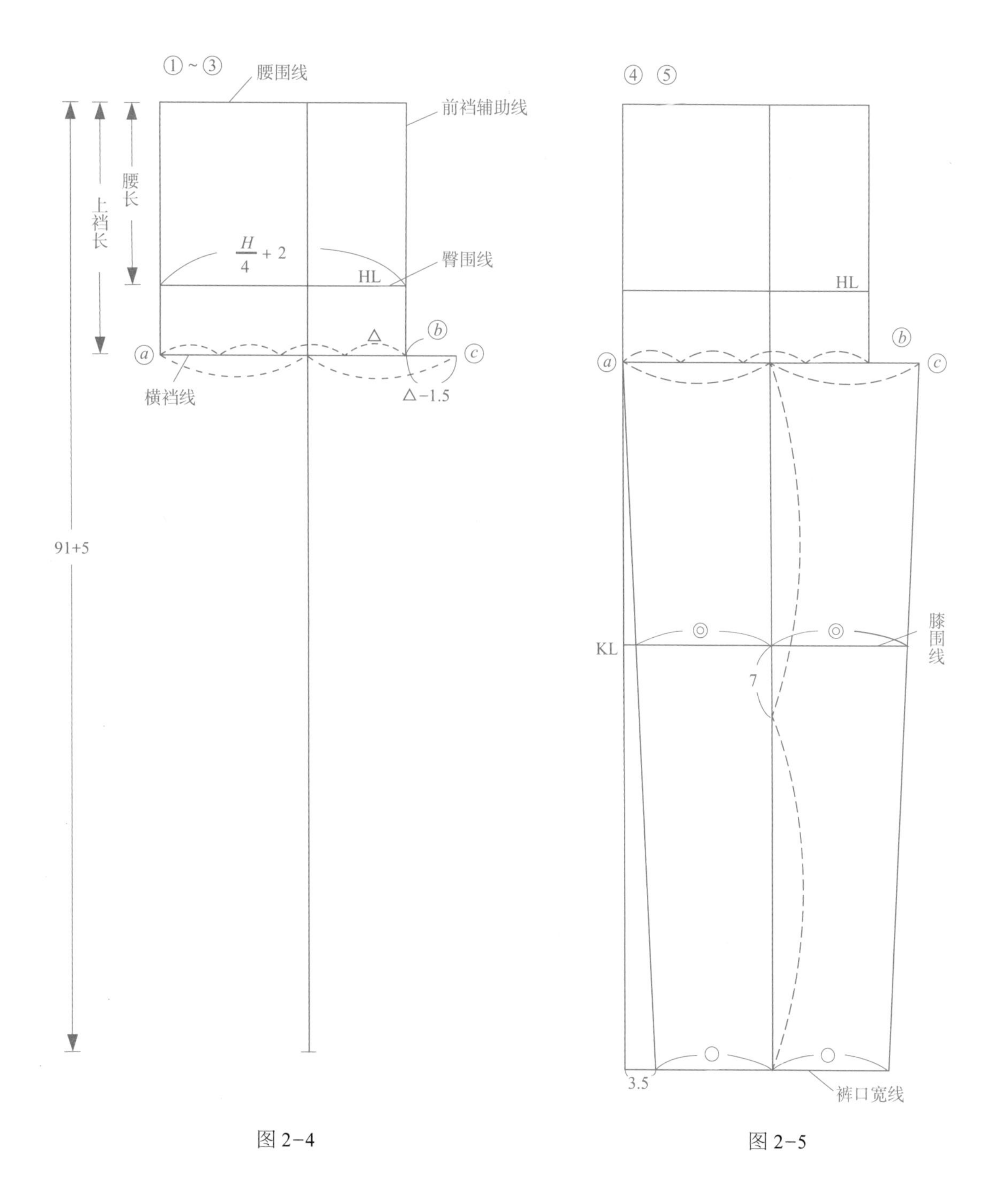

图 2-4　　　　　　图 2-5

至腰围线，与腰围线的交点处向里 1.5～2.5cm，画好腰围线。弧线画顺臀围线处侧缝，并将膝围点与裤口宽直线连接，绘制如图 2-6 所示。

⑤ 画省。量取腰围线尺寸，将多余量作为省量，绘制如图 2-6 所示。

⑥ 画腰头，绘制如图 2-6 所示。

⑦ 绘制轮廓线并标注裤片名称及布纹方向，绘制如图 2-6 所示。

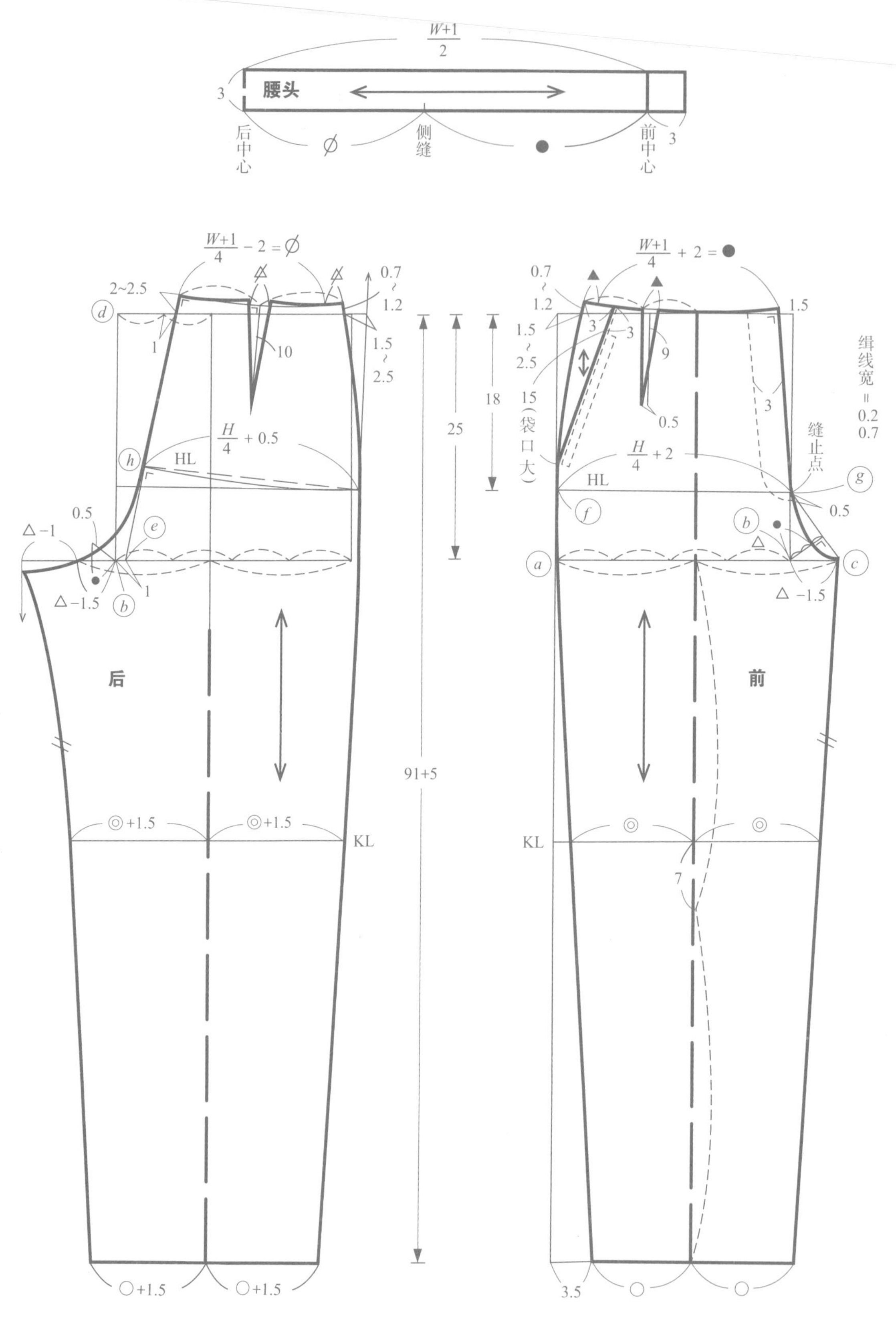

W+1/2
腰头
3
后中心
Ø
侧缝
●
前中心
3
W+1/4 − 2 = Ø
W+1/4 + 2 = ●
2~2.5
0.7~1.2
1.5~2.5
10
1
H/4 + 0.5
HL
0.5
△−1
△−1.5
1
后
◎+1.5
KL
○+1.5
91+5
25
18
1.5
3
9
0.5
15（袋口大）
H/4 + 2
缉线宽 = 0.2 0.7
缝止点
△−1.5
前
◎
7
3.5
○

图 2-6

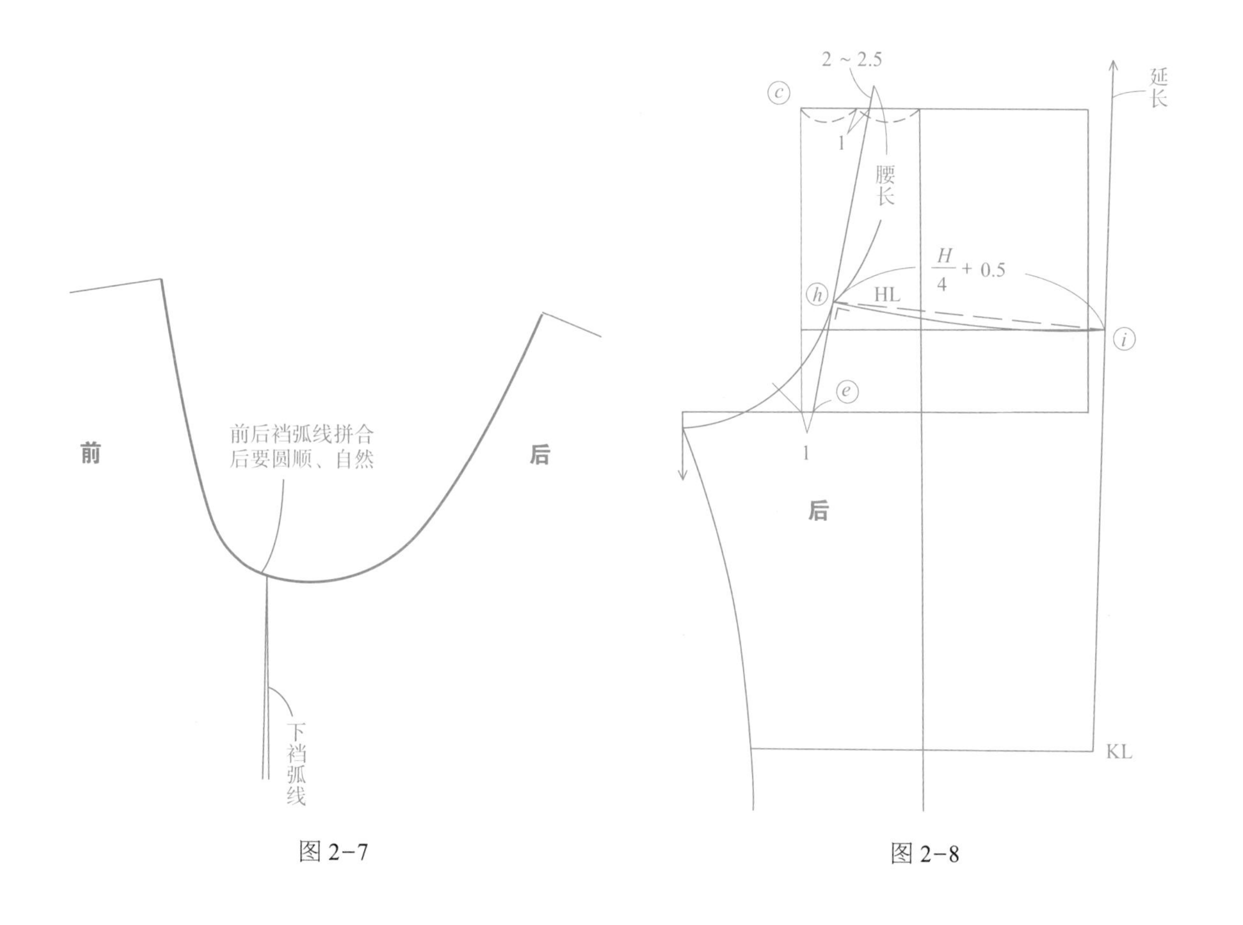

图 2-7　　图 2-8

2. 裤装结构放松量的设计分析

2.1　腰围放松量的设计分析

腰部是裤装与人体固定的部位，虽然人体席地而坐呈 90°，前屈时腰围可增加 2.5～3cm 的增量（腰围处最大变量），但由于人体腰部由软组织构成，所以不加松量也不会有不适感。此外，考虑腰部造型的合体美观性，腰部的松量也不宜过大。因此，腰围的松量设定在 0～2cm 之间。

2.2　臀围放松量的设计分析

臀部是人体下部最突出的部位，其主要部分是臀大肌。臀围处放松量的设定要考虑人体的直立、坐下、前屈等动作，人体席地而坐呈 90°，前屈时臀围可增加 4cm 的增量（臀围处最大变量）。因此，臀部放松量最小需要 4cm。此外，因款式造型需要增加的装饰性舒适量可按实际情况设定。

成品臀围 = H（净臀围）+ 造型松量

紧身裤成品臀围 = H（净臀围）+0～4cm

紧身裤（弹力面料）成品臀围 = H（净臀围）+（0～4cm）– 面料弹性伸长量

合体裤成品臀围 = H（净臀围）+4～8cm

较宽松裤成品臀围 = H（净臀围）+8～12cm

宽松裤成品臀围 = H（净臀围）+12cm 以上

2.3 前后臀围放松量分配的设计分析

长裤结构设计的前、后臀围松量的分配：人体的下肢运动通常多为前屈运动，前身横向伸展率大，因此，考虑腿、膝前屈运动的横向伸展量和运动量，臀围处大多数的松量应加在前臀围较为合理，特别是宽松裤的大多数松量应放在前身，通常以腰部褶裥处理。人体后身只有臀部有适量的横向伸展量，不及前身腿、膝部的横向伸展量大。一般后臀围只需 1 ~ 4cm 的松量，达到合体舒适即可，通常以腰省处理。即使是宽松裤，后臀围松量也无需太多，如松量过多反而会不服贴，影响外观。在短裤的结构设计中，不涉及腿、膝前屈运动的考虑，所以前、后臀围松量的分配可前、后平均或前少后多。

3. 裤装裆部结构的设计分析

3.1 上裆长尺寸的设计分析

裤子上裆长尺寸变化会直接影响裤子的款式造型与适体性，通常在不同造型的裤子中，其相对比较稳定和保守。以中间体 160/68A，上裆长为 25cm 为例：

合体裤的上裆长 = 25cm，臀底 0 ~ 1cm 的松量

紧身裤的上裆长 = 25cm−1cm= 24cm，臀底贴合无间隙

宽松裤的上裆长 = 25cm+1 ~ 2cm= 26cm，臀底 1 ~ 2cm 的松量

低腰裤的上裆长 =（25−1）cm−（2 ~ 6cm 的低腰量）=18 ~ 22cm，臀底贴合无间隙

落裆裤的上裆长 > 25cm+2cm，臀底松量较大

3.2 前裆弧线结构的设计分析

前上裆线是位于裤子前中心处的结构线。因人体前腹部呈弧形，需要在前部增加倾斜角，使前上裆线倾斜，以符合人体体态。如图 2−9 所示，前上裆线倾斜量一般是在腰围处撇去约 1cm 左右的量。如腰部没有省道、褶裥时，为解决前腰部腰臀差，撇去量可为≤ 2cm。

3.3 后裆弧线结构的设计分析

后裆弧线位于裤子后中心处，是按人体臀沟形状来设计的结构线。后裆弧线的倾斜角度、后腰翘势、后裆弯落裆量是构成后裆弧线的要素。

① 后裆弧线倾斜角度与后腰翘势：后裆弧线的倾斜角度，如图 2−10 所示，与人体体型、裤子造型有关。臀部高翘的体型，倾斜角度应加大，反之则减小。在正常体型状态下，紧身裤、较紧身裤的后裆弧

线倾斜角度相对于宽松裤、裙裤类的后裆弧线倾斜角度要大。

后裆弧线在腰围线处抬起的量为后腰翘势。人体在正常站立时，腰围线呈前高后低的状态，当人体进行屈蹲等运动时，后裆缝就显得过短而不舒服，需增加后裆弧线的长度。此外，由于后裆弧线倾斜角度的存在，如图 2–11 所示，角 $\alpha>90°$，若两个大于 90° 的角缝合会产生凹角，需补足一定的量达到水平状态，从这个角度来说，也需要有一定的后腰翘势来补足。通常后裆弧线倾斜角度越大，后腰翘势越大，如图 2–12 所示。但如后腰翘势过大，会在后腰下部产生横向波纹的弊病。

② 后裆弯落裆量：如图 2–13 所示，在裤后裆部结构设计中，后片横裆线在前片横裆线基础上下落，下落量即为落裆量。落裆量的大小与前后裆宽、裤长、裤口的大小有关。因后裆宽大于前裆宽，形成了前后下裆弧线的曲率差大，导致前后下裆弧线长度不同，需下落后裆来调节，通常为 0.5 ~ 1.5cm。随着裤长越短、裤口越小，后下裆弧线与前下裆弧线差量越大，落裆量越大。短裤的落裆量通常为 1 ~ 3cm。

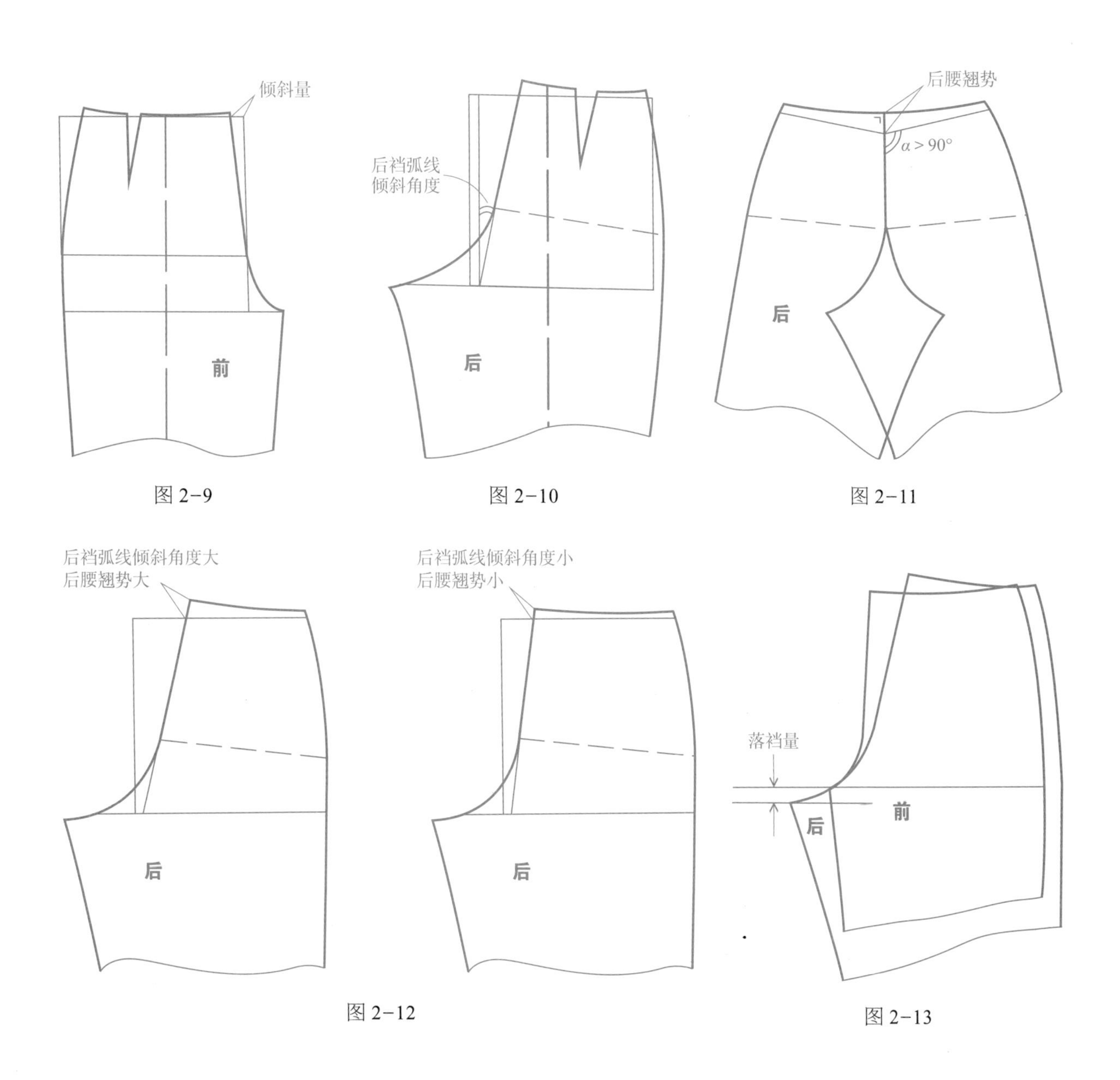

图 2–9　图 2–10　图 2–11

图 2–12　图 2–13

专项模块

模块3　基本裤型变化案例

1. 基本裤型变化案例一：合体休闲裤

1.1　款式特点分析

此款裤型由上至裤口逐渐变细，既有合体的感觉又有一定的宽松量，给人以轻快休闲之感。此款裤子腰部稍下落，有后育克结构（图 3-1、图 3-2）。具体规格尺寸设计见表 3-1。

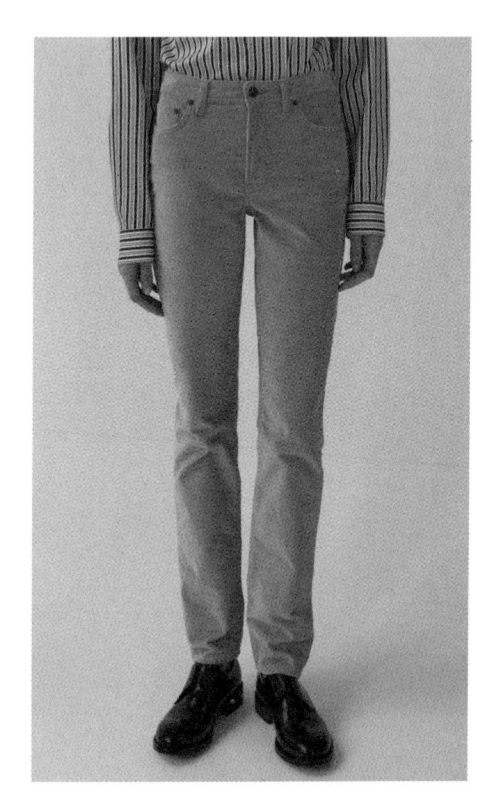

图 3-1

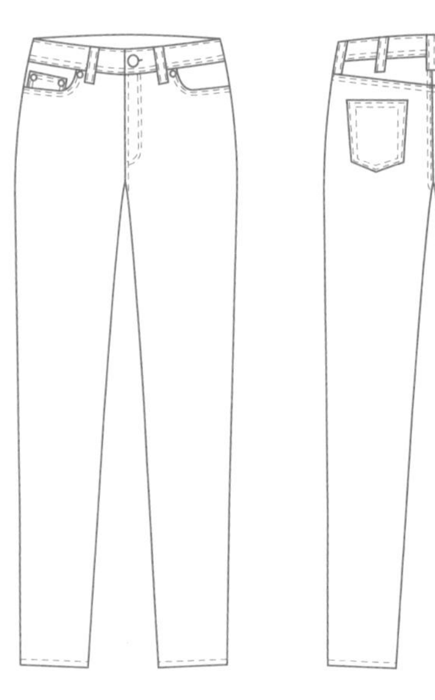

图 3-2

表 3-1　规格表　　单位：cm

号 / 型	部位	裤长	腰围（W）	臀围（H）	上裆长	腰长	腰头宽
160/68A	净体尺寸	91	68	90	25	18	—
	成品尺寸	96	69	94	25	18	4

1.2　结构制图要点

① 制图步骤与基础裤（图 2-2）的制图步骤基本相同。裤长取 91cm+5cm，5cm 为基本裤长的加长量，绘制如图 3-3 所示。

② 腰线下落，前腰省量通过腰部的纸样拼合及利用口袋弯势去掉，后腰省量通过腰部和后裤片育克结构的纸样拼合去掉，裤身部分省量在两侧去掉，绘制如图 3-3 所示。

③ 前裤片口袋绘制如图 3-4 所示。

④ 后裤片口袋绘制如图 3-5 所示。

⑤ 前腰头纸样拼合，绘制如图 3-6 所示。

⑥ 后腰头纸样拼合，并进行修正，绘制如图 3-7 所示。

⑦ 后育克纸样拼合，并进行修正，绘制如图 3-8 所示。

⑧ 前、后腰头纸样拼合，串带及纽扣位置，绘制如图 3-9 所示。

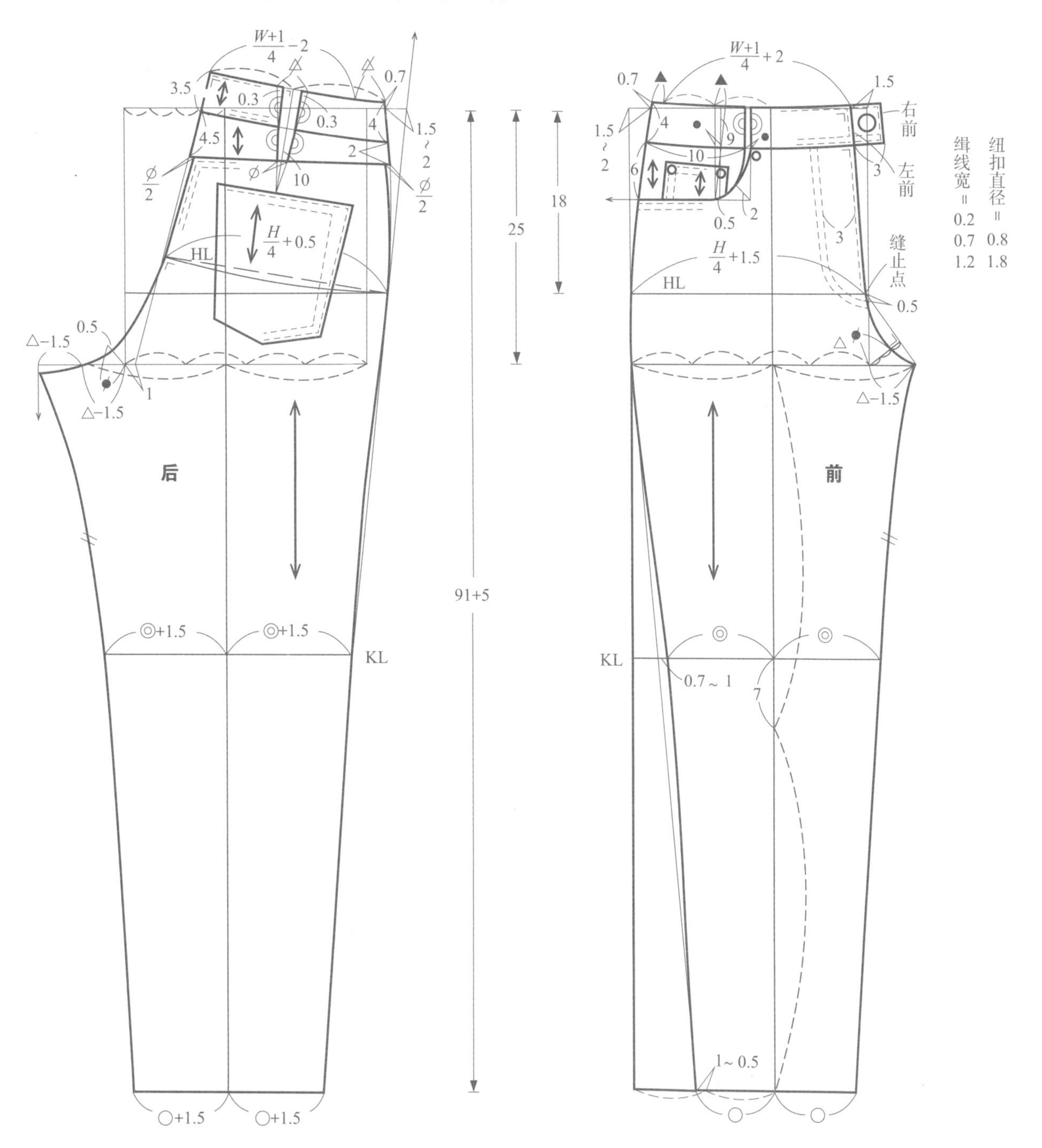

图 3-3

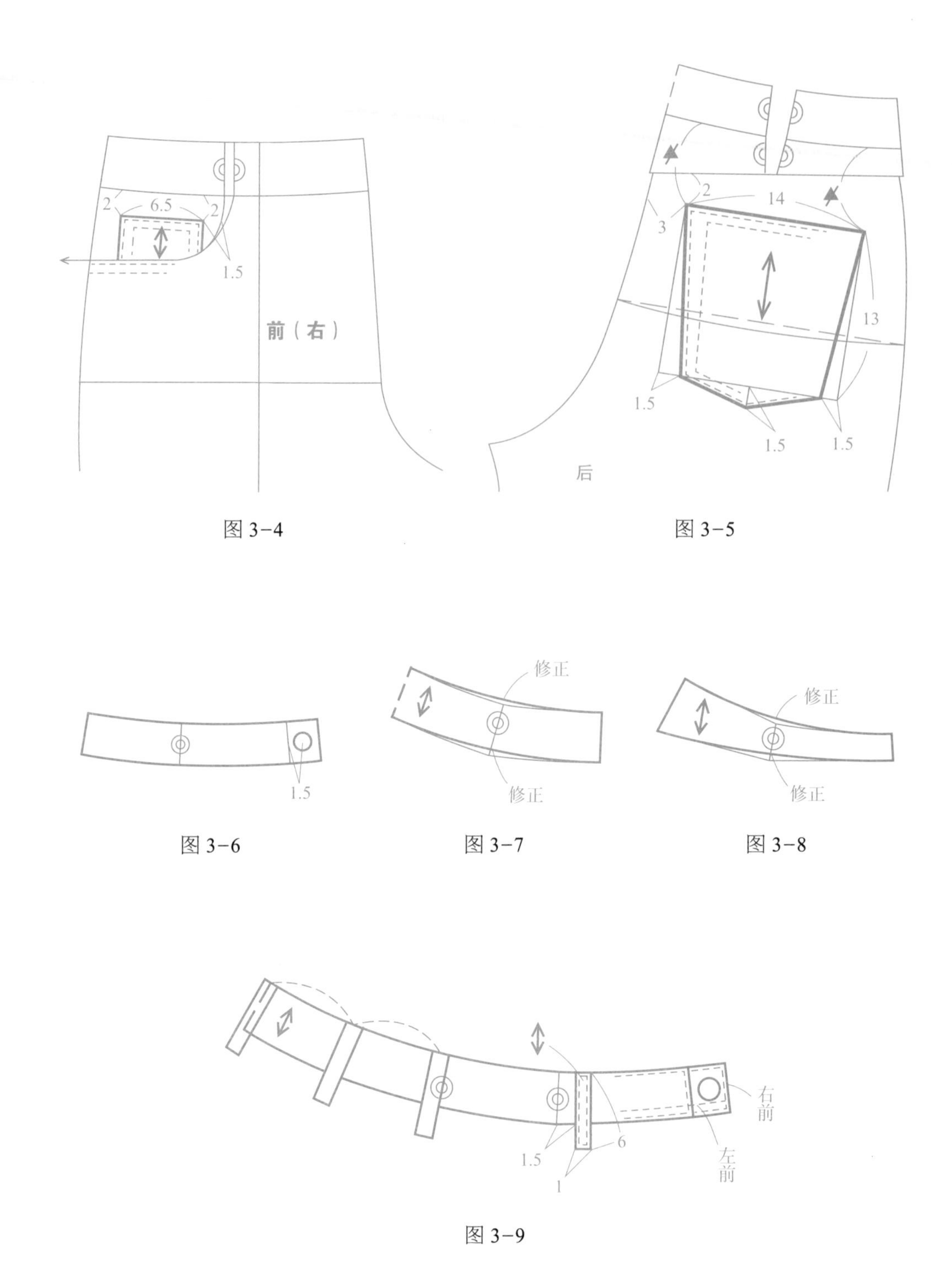

图 3-4　图 3-5

图 3-6　图 3-7　图 3-8

图 3-9

2. 基本裤型变化案例二：低腰瘦腿裤

2.1　款式特点分析

此款裤型为低腰款，裤腿贴体较瘦，给人以腿部修长的感觉。如选用有弹性的面料，会提高穿着舒适度。依据面料有无弹力和个人的喜好，臀围处加放量可调整为 0 ~ 2cm。此款裤子腰部下落量较大，后裤片贴袋位置稍下落，有后育克结构（图 3-10、图 3-11）。具体规格尺寸设计见表 3-2。

图 3-10

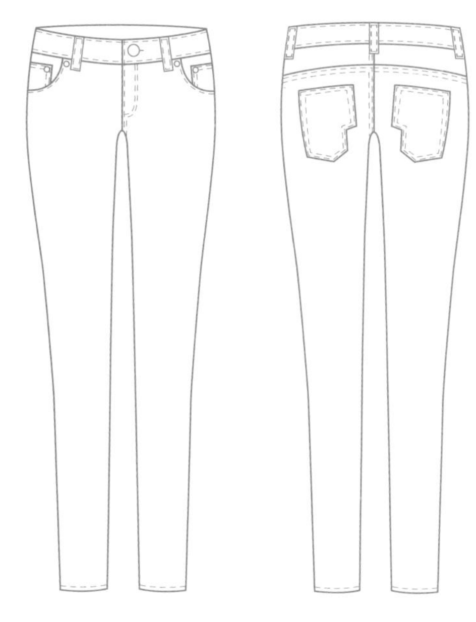

图 3-11

表 3-2　规格表　　单位：cm

号 / 型	部位	裤长	腰围（W）	臀围（H）	上裆长	腰长	腰头宽
160/68A	净体尺寸	91	68	90	25	18	—
	成品尺寸	93	—	92	24	18	4

2.2　结构制图要点

① 制图步骤与基础裤图 2-12 的制图步骤基本相同。裤长取 91cm+5cm，5cm 为基本裤长的加长量，上裆长 25cm-1cm，绘制如图 3-12 所示。

② 腰线下落，前腰省量通过腰部的纸样拼合及利用口袋弯势去掉，后腰省省量较大，等分成两个，省量通过腰部及后裤片育克结构的纸样拼合去掉。

③ 前裤片口袋绘制如图 3-13 所示。

④ 后裤片口袋绘制如图 3-14 所示。

⑤ 前腰头纸样拼合，绘制如图 3-15 所示。

⑥ 后腰头纸样拼合，并进行修正，绘制如图 3-16 所示。

⑦ 后育克纸样拼合，先延长省尖，再进行纸样拼合及修正，绘制如图 3-17 所示。

⑧ 前、后腰头纸样拼合，串带及纽扣位置，绘制如图 3-18 所示。

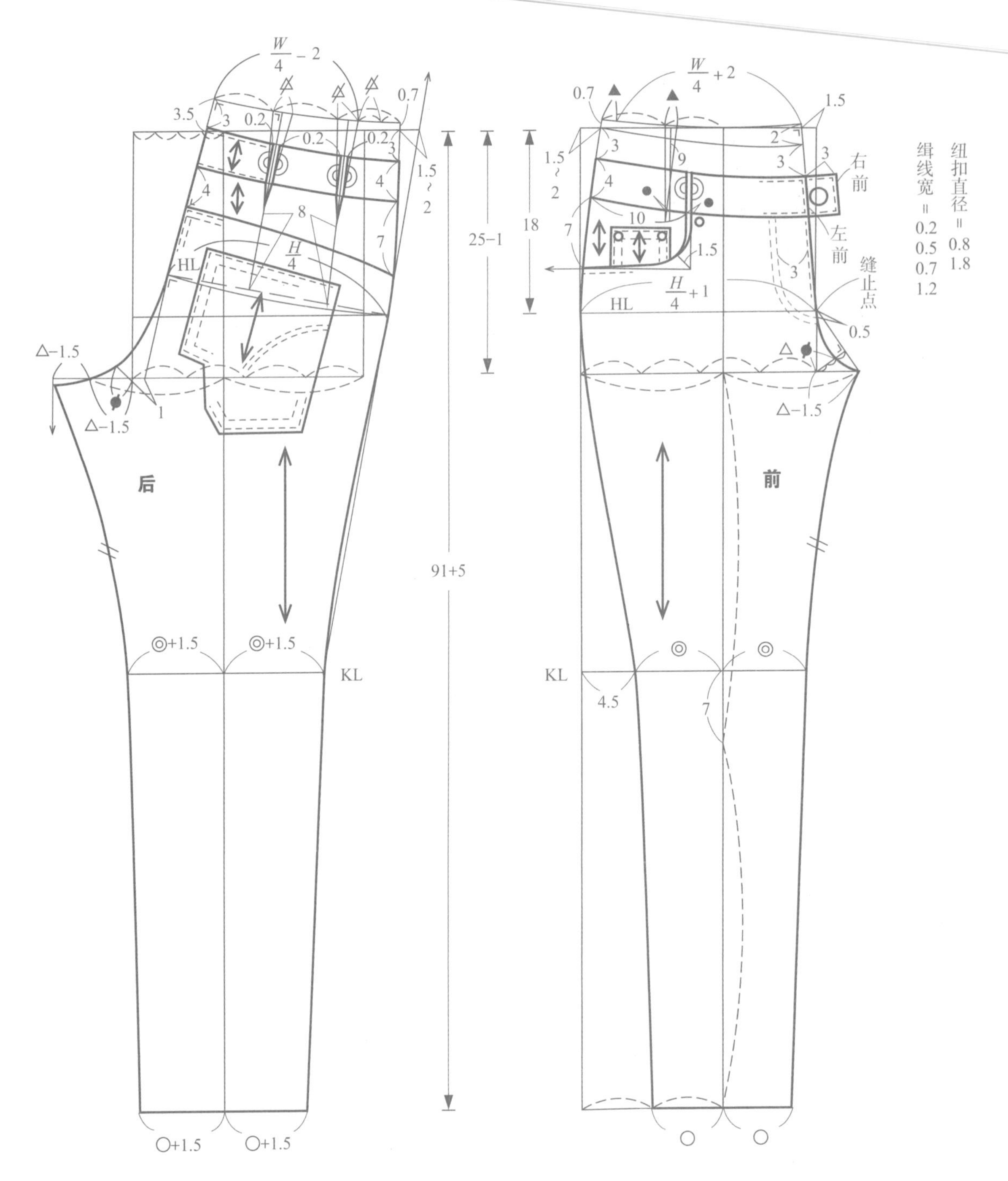

$\frac{W}{4}-2$
3.5
0.7
1.5~2
25−1
HL
$\frac{H}{4}$
8
△−1.5
△−1.5
1
后
91+5
◎+1.5
◎+1.5
KL
○+1.5
○+1.5
$\frac{W}{4}+2$
0.7
1.5
18
9
10
1.5
右前
左前
缝止点
$\frac{H}{4}+1$
0.5
△−1.5
前
KL
4.5
7
组扣直径＝0.8 1.8
缉线宽＝0.2 0.5 0.7 1.2

图 3-12

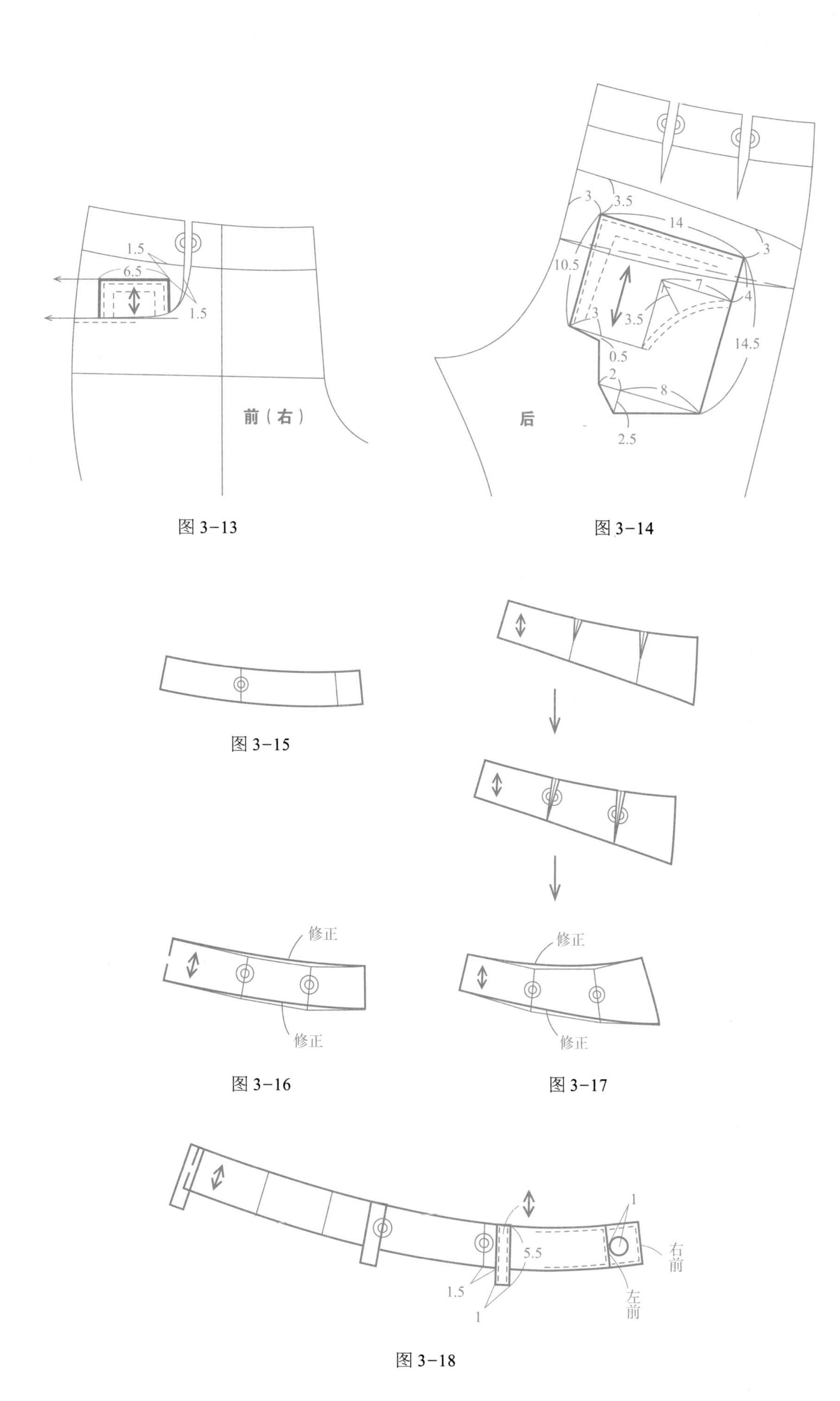

图 3-13

图 3-14

图 3-15

图 3-16

图 3-17

图 3-18

3. 基本裤型变化案例三：弹力紧身裤

3.1 款式特点分析

此款裤型，裤门襟处无开口，有明线装饰，裤身紧贴身体需选用弹性较高的面料。依据面料的弹性拉展程度，臀围处松量可为 0 或减去 0 ~ 4 cm 的量。此款裤子腰部稍下落，装有松紧带，后裤片有两个贴袋（图 3-19、图 3-20）。具体规格尺寸设计见表 3-3。

图 3-19

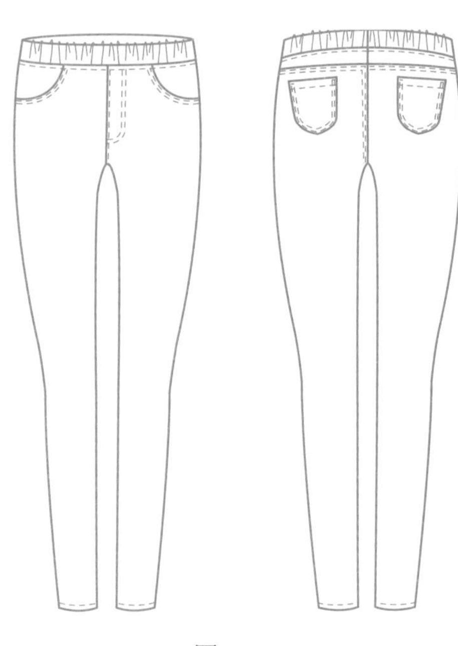

图 3-20

表 3-3　规格表　　单位：cm

号 / 型	部位	裤长	腰围（W）	臀围（H）	上裆长	腰长	腰头宽
160/68A	净体尺寸	91	68	90	25	18	—
	成品尺寸	91	68	90	24	18	4

3.2 结构制图要点

① 制图步骤与基础裤（图 2-2）的制图步骤基本相同。裤长取基本裤长 91cm。上裆长 25cm−1cm，绘制如图 3-21 所示。

② 腰线下落，前腰省量在口袋弯势处去掉，后腰省省量较大，等分成两个，省量通过后裤片育克结构的纸样拼合去掉，裤身部分省量在两侧去掉。

③ 后裤片口袋绘制如图 3-22 所示。

④ 后育克纸样拼合，并进行修正，绘制如图 3-23 所示。

⑤ 测量前、后腰部尺寸，画腰头，绘制如图 3-24 所示。腰头内装有长度为 68cm 的松紧带。

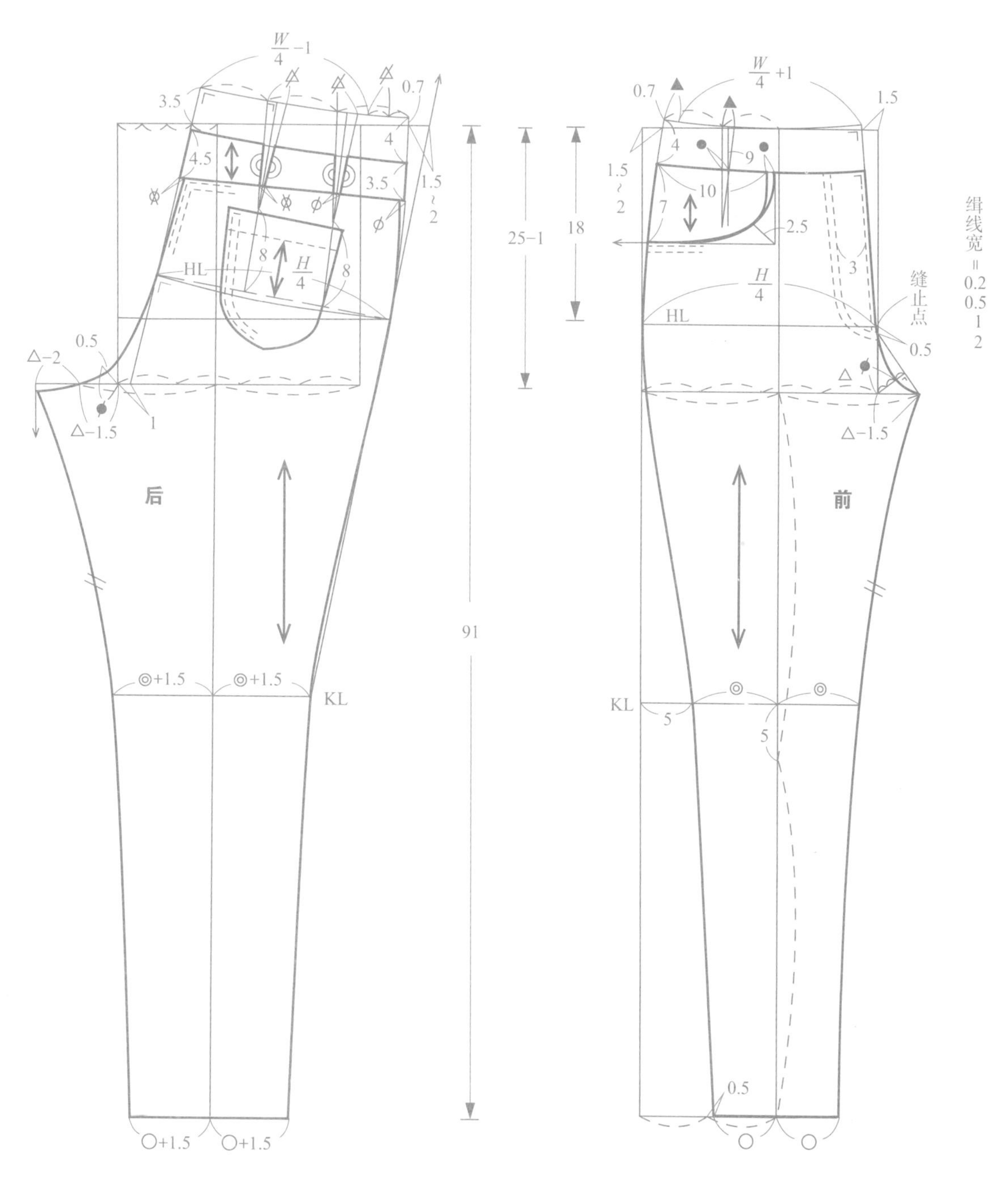

图 3-21

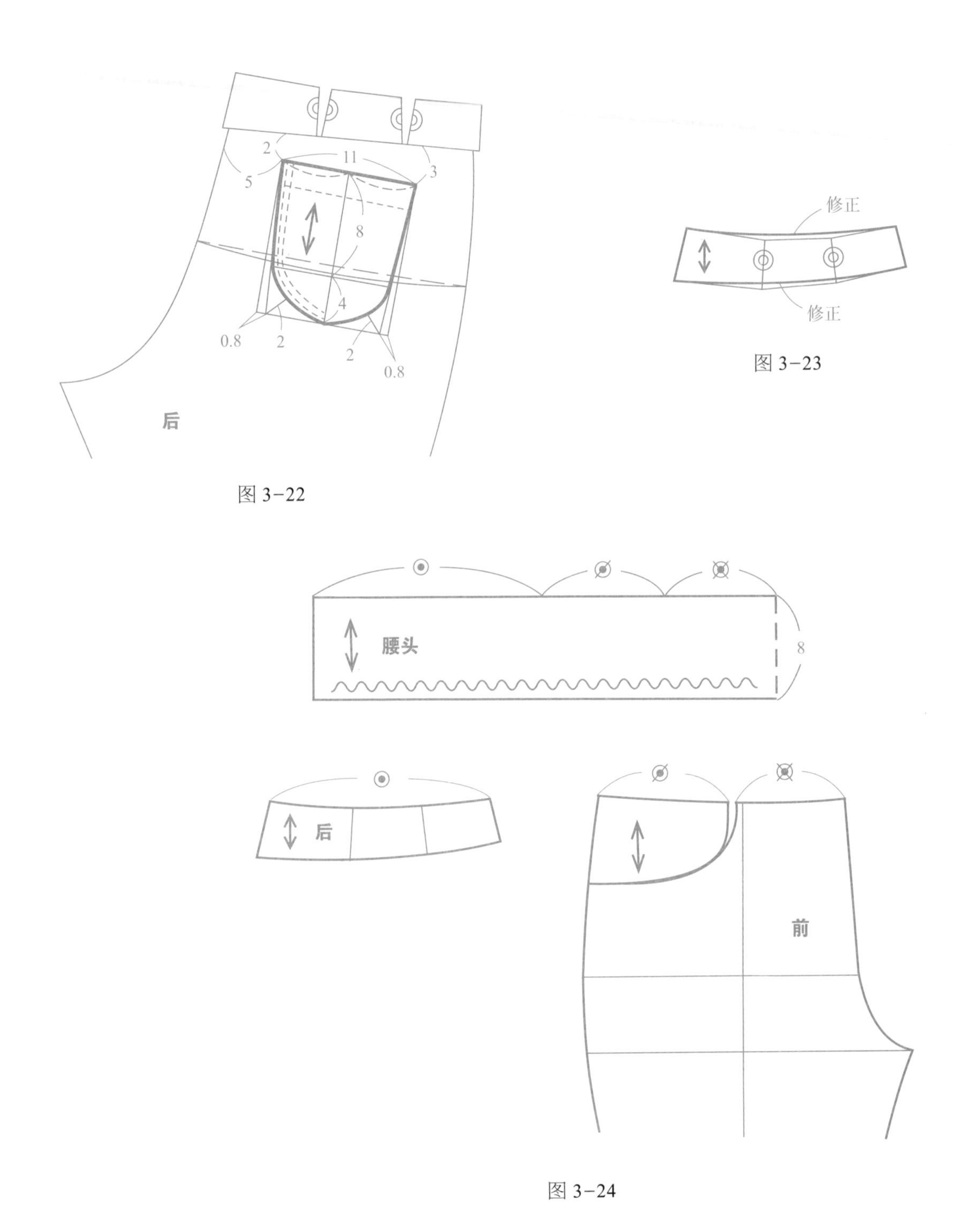

图 3-22

图 3-23

图 3-24

4. 基本裤型变化案例四：喇叭裤

4.1 款式特点分析

此款裤型为比较常见的喇叭裤，裤身上部较合体，从膝部位开始向下放开至裤口形成喇叭状。依据选用的面料臀围处加放量可为 0 ~ 2cm。腰部稍下落，裤长较长，内穿高跟鞋，裤身整体感觉修长帅气（图 3-25、图 3-26）。具体规格尺寸设计见表 3-4。

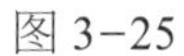
图 3-25

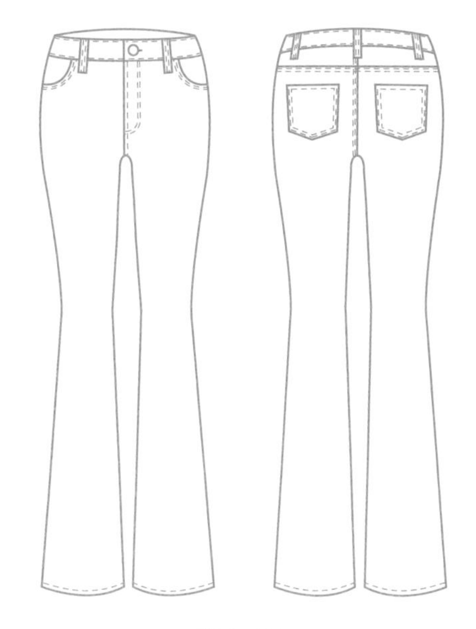

图 3-26

表 3-4　规格表　　　　单位：cm

号 / 型	部位	裤长	腰围（W）	臀围（H）	上裆长	腰长	腰头宽
160/68A	净体尺寸	91	68	90	25	18	—
	成品尺寸	103	68	92	24	18	4

4.2　结构制图要点

① 制图步骤与基础裤（图 2-2）的制图步骤基本相同。裤长取 91cm+12cm，上裆长 25cm-1cm，绘制如图 3-27 所示。

② 腰线下落，前腰省量在口袋弯势处去掉，后腰省省量较大，等分成两个，省量通过后裤片育克结构的纸样拼合去掉，裤身部分省量在两侧去掉。

③ 后裤片口袋绘制如图 3-28 所示。

④ 前腰头纸样拼合，绘制如图 3-29 所示。

⑤ 后腰头纸样拼合，并进行修正，绘制如图 3-30 所示。

⑥ 后育克纸样拼合，并进行修正，绘制如图 3-31 所示。

⑦ 前后腰头纸样拼合，串带及纽扣位置，绘制如图 3-32 所示。

⑧ 此款裤子的腰臀部与低腰瘦腿裤图 3-10 相似，可以在其结构图 3-12 的基础上完成制图，绘制如图 3-33 所示，其他部位纸样处理同上。

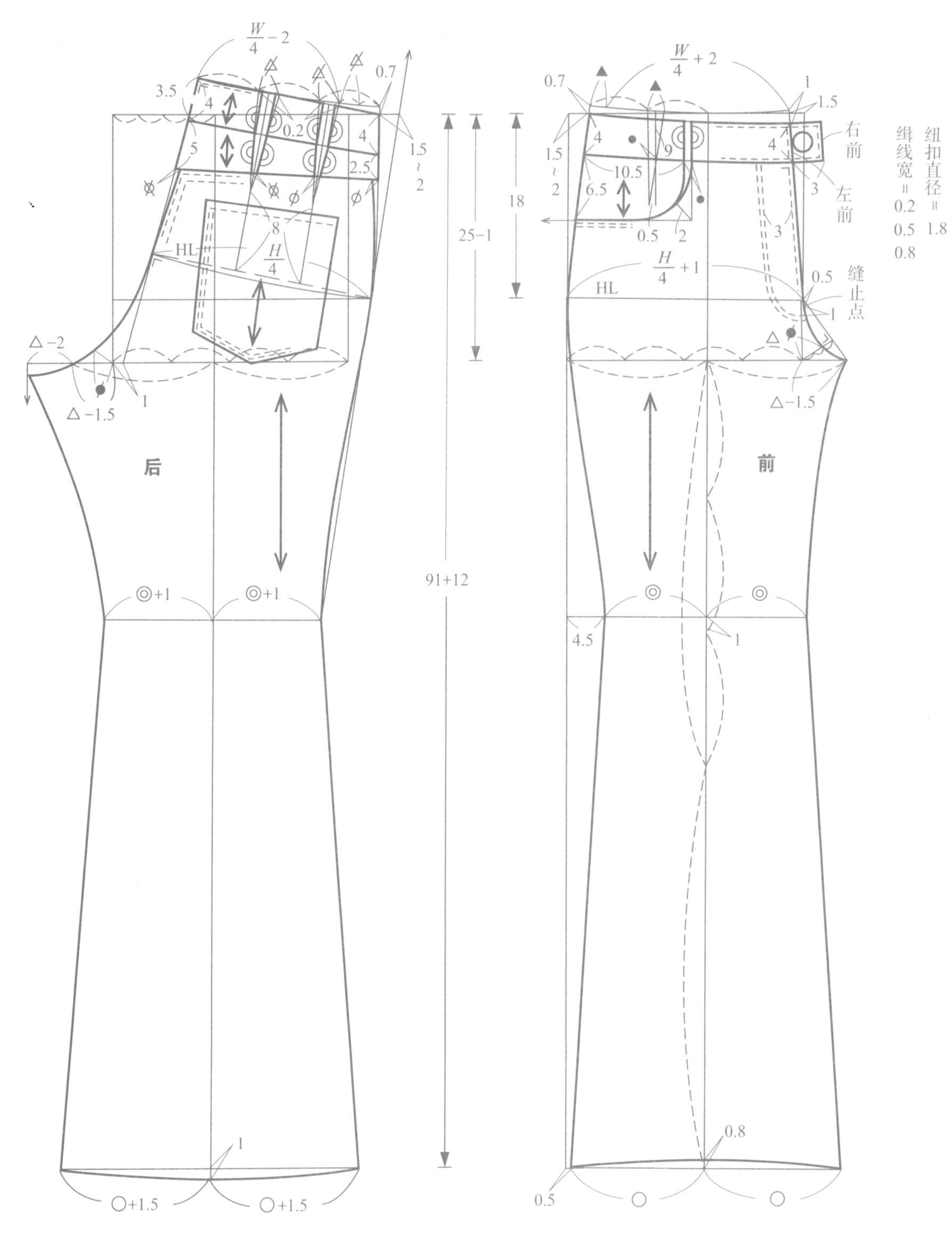

图 3−27

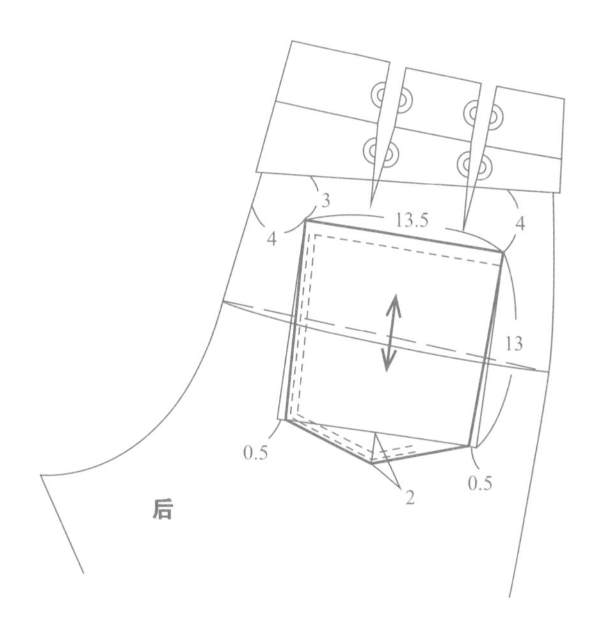

图 3-28

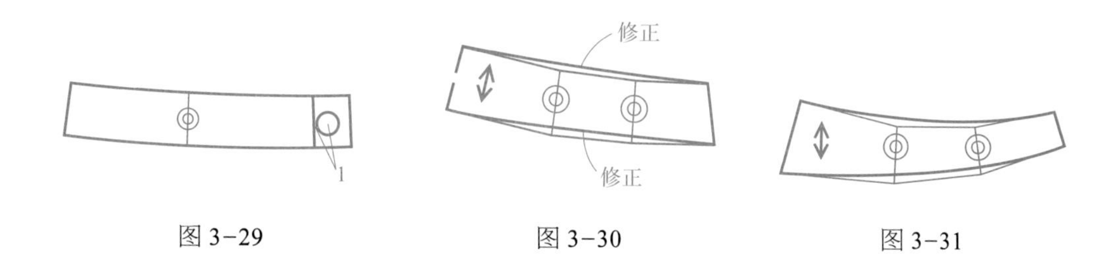

图 3-29　　图 3-30　　图 3-31

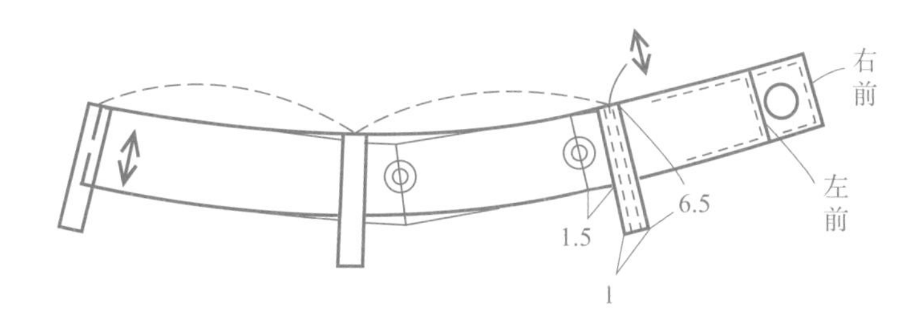

图 3-32

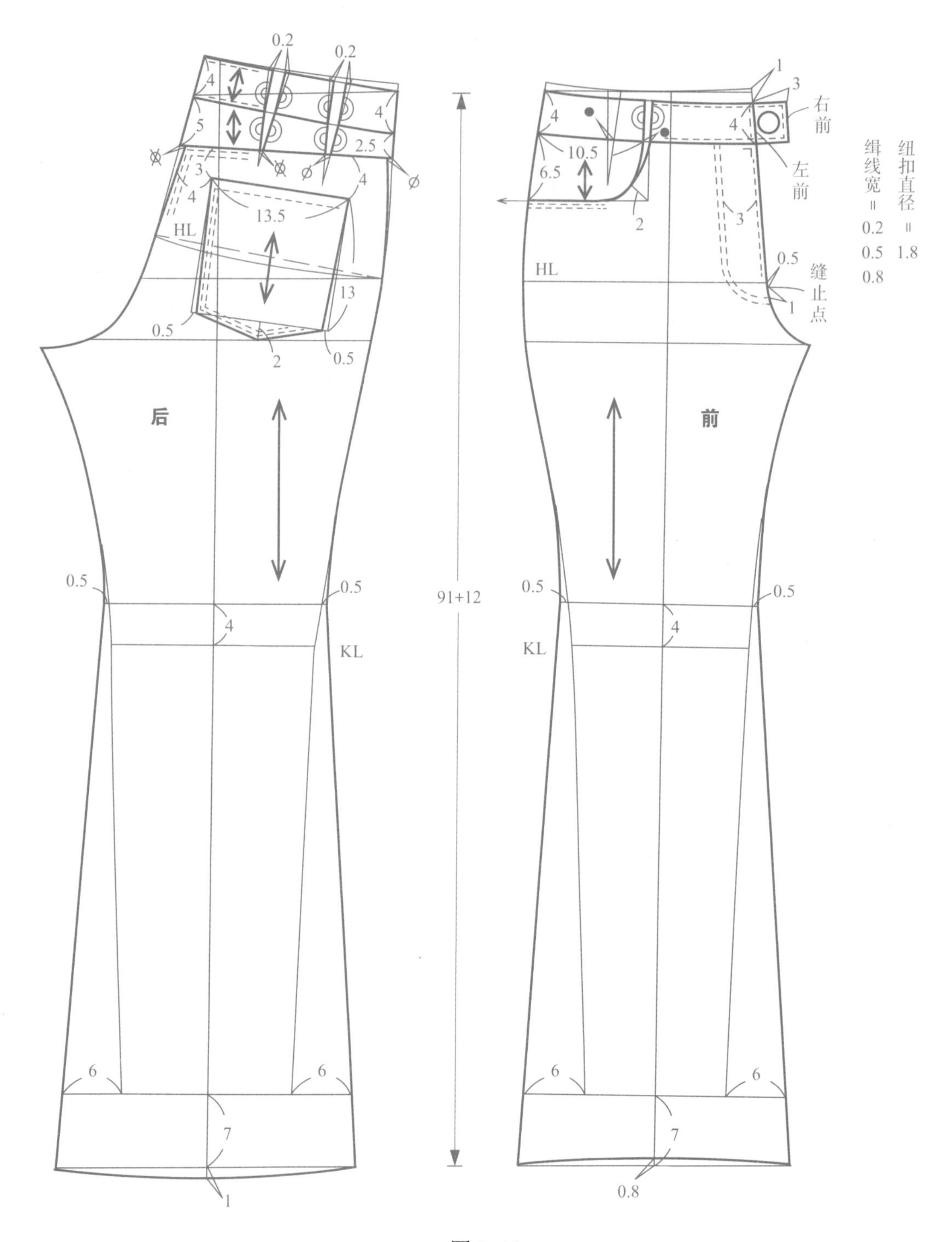

图 3-33

4.3 款式拓展要点分析一：无腰毛边喇叭裤

此款式喇叭裤与图 3-25 款式喇叭裤的腰臀部松量相似，喇叭位置较图 3-25 款高。裤长较图 3-25 款稍短，无腰头，边缘以毛边处理。后裤片口袋与后育克结构同图 3-25 款（图 3-34、图 3-35）。具体规格尺寸设计见表 3-5。

图 3-34

图 3-35

表 3-5　规格表　　单位：cm

号 / 型	部位	裤长	腰围（W）	臀围（H）	上裆长	腰长
160/68A	净体尺寸	91	68	90	25	18
	成品尺寸	98	68	92	24	18

4.4 结构设计变化要点

① 结构图可以在图 3-25 款式的结构图 3-27 基础上变化得到。裤长 91cm+9cm，也可以在基础图上由裤口处减 3cm 得到。无腰头，在腰围线基础上下落 2cm，为实际腰部位置，所以成品裤长尺寸为 98cm。喇叭位置上提 12cm，绘制如图 3-36 所示。

② 前裤片去掉腰头后加 2cm 为腰部毛边长度。口袋宽度加宽为 11.5cm，小口袋绘制如图 3-37 所示。

③ 后裤片后育克结构在图 3-31 基础上加 2cm 为腰部毛边长度，绘制如图 3-38 所示。

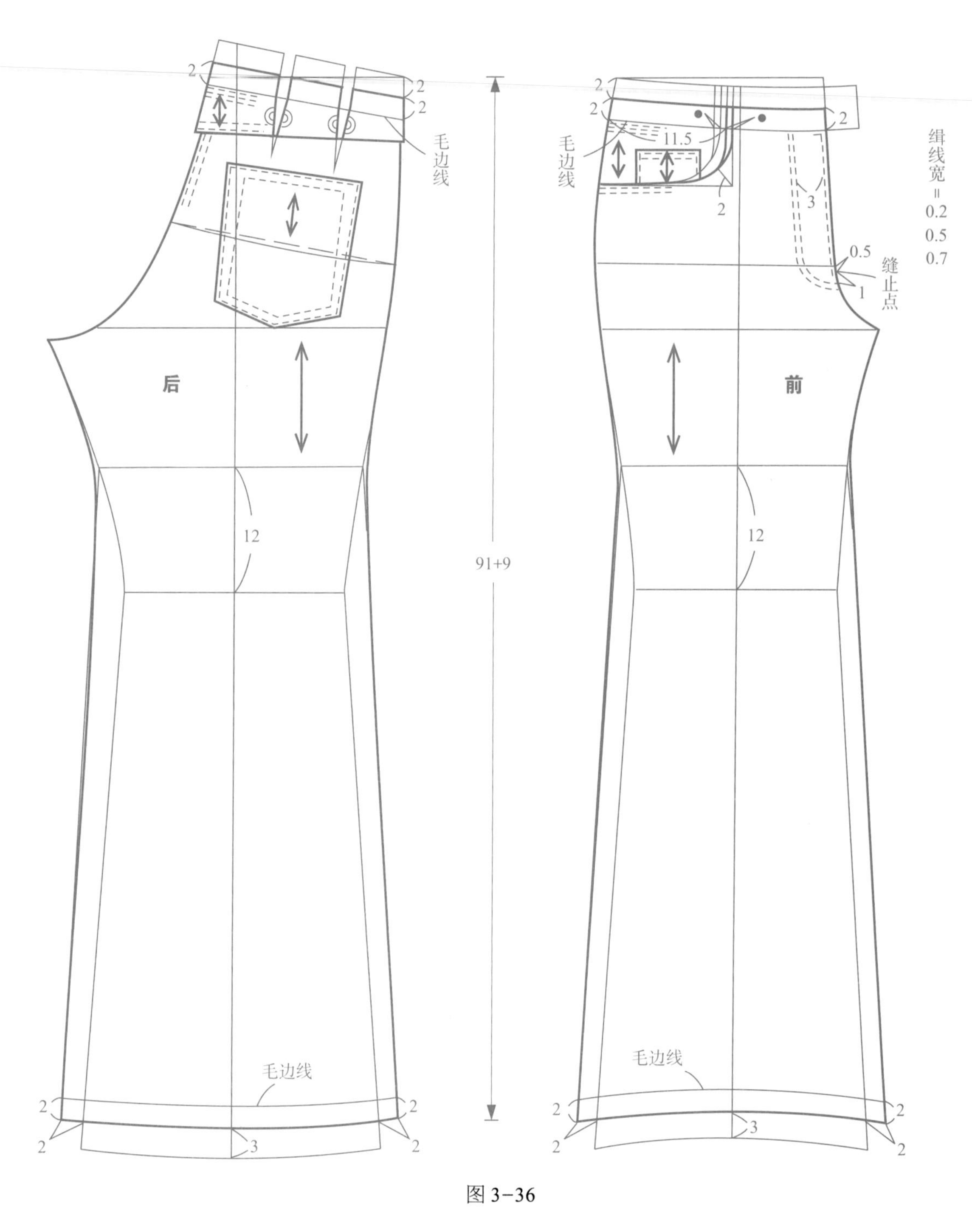

图 3-36

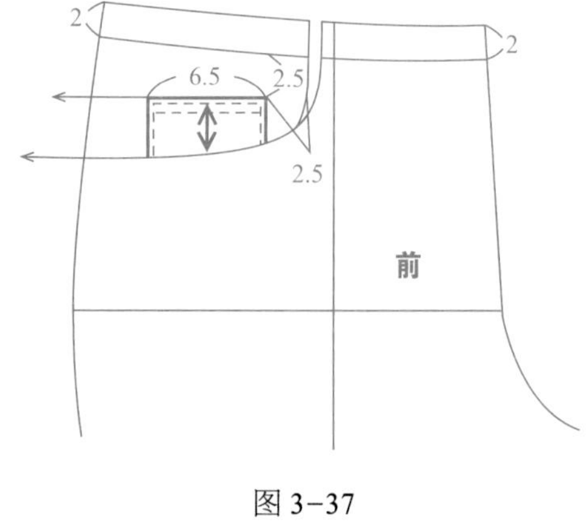

图 3-37

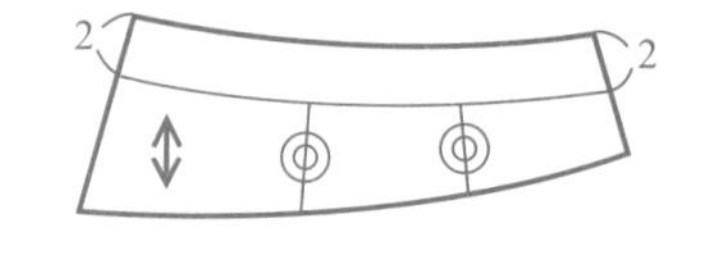

图 3-38

4.5 款式拓展要点分析二：宽松喇叭裤

此款式喇叭裤与图 3-25 款式喇叭裤的腰臀部松量相似，但喇叭位置较高，接近裆部，裤长较图 3-25 款稍短。后裤片口袋与后育克结构同图 3-25 款（图 3-39、图 3-40）。具体规格尺寸设计见表 3-6。

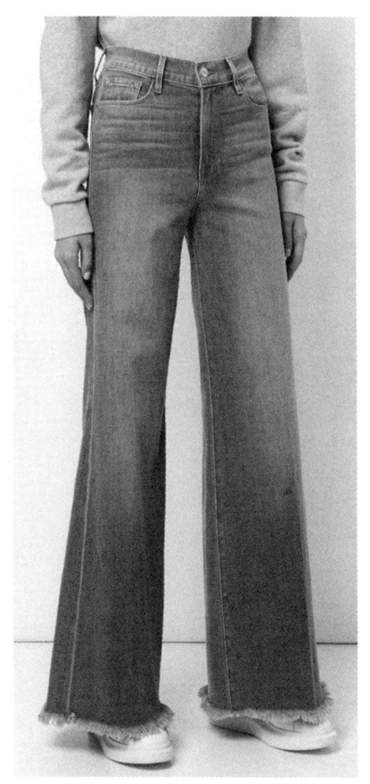

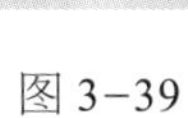

图 3-39

图 3-40

表 3-6 规格表 单位：cm

号 / 型	部位	裤长	腰围（W）	臀围（H）	上裆长	腰长	腰头宽
160/68A	净体尺寸	91	68	90	25	18	—
	成品尺寸	98	68	92	24	18	4

4.6 结构设计变化要点

① 结构图可以在图 3-25 款式的结构图 3-27 基础上变化得到。裤长 91cm+7cm，喇叭位置上提至横裆线下 5cm 处，绘制如图 3-41 所示。

② 依款式调整前裤片口袋造型，绘制如图 3-41 所示。

③ 前裤片小口袋绘制如图 3-42 所示。

④ 后育克、前 / 后腰头纸样拼合及串带、纽扣位置，绘制同图 3-29~ 图 3-32 所示。

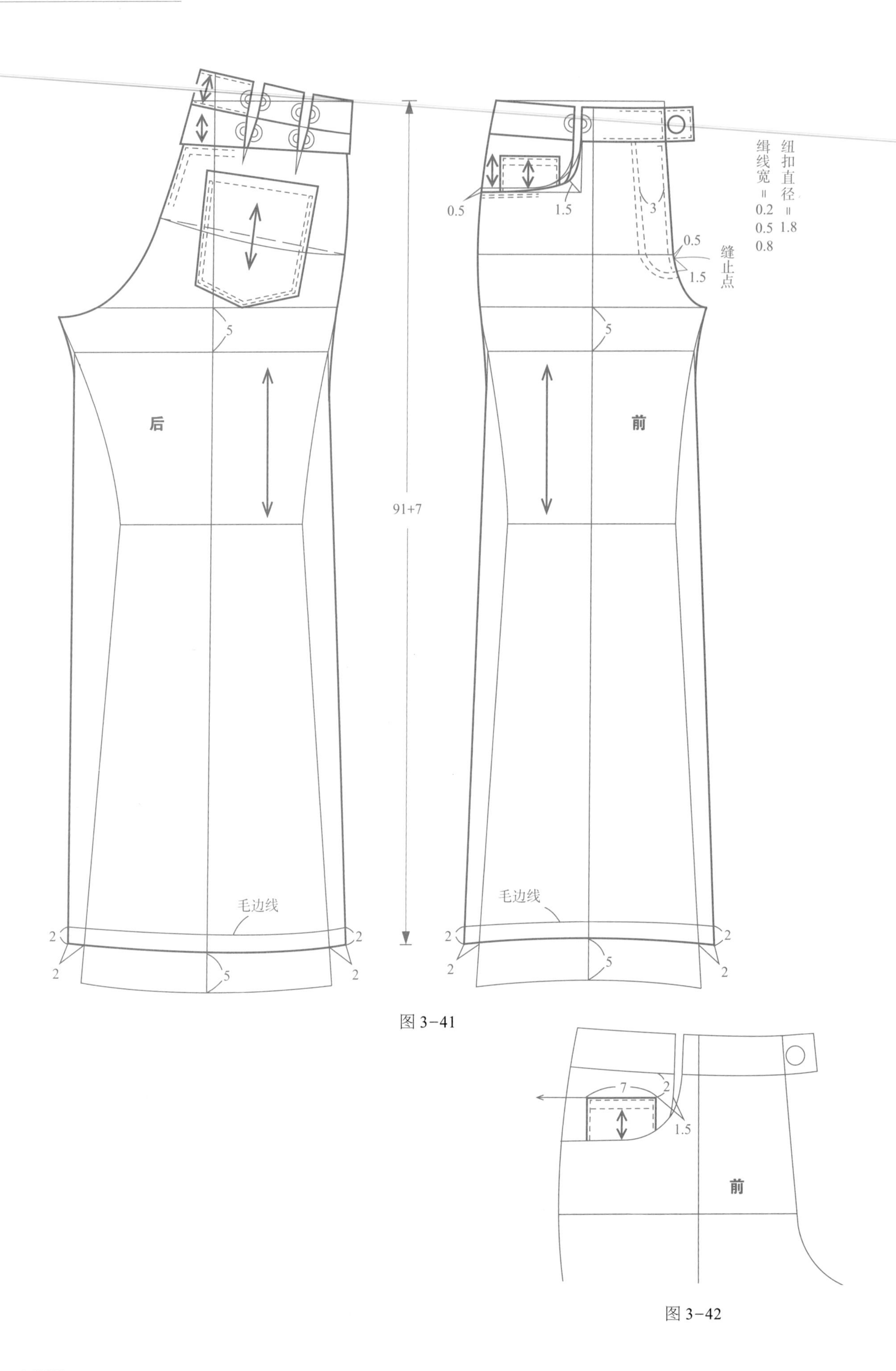

图 3-41

图 3-42

4.7 款式拓展要点分析三：大口喇叭裤

此款式喇叭裤为腰臀部较宽松的大口喇叭裤。喇叭位置从裆部开始，腰头较宽，侧缝处有斜插袋（图 3-43、图 3-44）。具体规格尺寸设计见表 3-7。

图 3-43　　图 3-44

表 3-7　规格表　　单位：cm

号 / 型	部位	裤长	腰围（W）	臀围（H）	上裆长	腰长	腰头宽
160/68A	净体尺寸	91	68	90	25	18	—
	成品尺寸	104	69	—	25	18	5

4.8 结构设计变化要点

① 结构图可以在基础裤（图 2-2）的制图 2-6 的基础上变化得到。裤长 91cm+8cm，也可以在基础图上加 3cm 得到。以前裤片ⓕ点向下作垂线，在裤口处向外扩放 4cm，并将该点与ⓕ点连接并延长至腰围线。在腰围线将基础裤轮廓线与该线之间距离二等分，画顺侧缝线。在侧缝处加放的量在前中心处去除。后裤片绘制方法与前裤片相同。绘制如图 3-45 所示。

② 为了下裆缝整体都形成宽松的造型，在前裤片ⓒ点向外加入 1cm 作为松量，并以该点向下作垂线。后裤片绘制方法与前裤片相同。绘制如图 3-45 所示。

③ 修正前后裤口线，前裤口四等分，取四分之一与侧缝成直角画顺。前后裤片侧缝长度相同。绘制如图 3–45 所示。

④ 以前裤片省尖点和ⓖ点、后裤片省尖点和ⓗ点作垂线，画喇叭量的切展线。绘制如图 3–45 所示。

⑤ 沿切展线剪开，依款式造型裤口展开一定量，腰省适量闭合。将横裆宽与裤口宽二等分，等分点连线作为裤片的纱向线。绘制如图 3–46 所示。

⑥ 前裤片剩余腰省量分成二等份，分别在侧缝与前中线处去掉。侧缝处斜插口袋，绘制如图 3–46 所示。

⑦ 画腰头，绘制如图 3–47 所示。

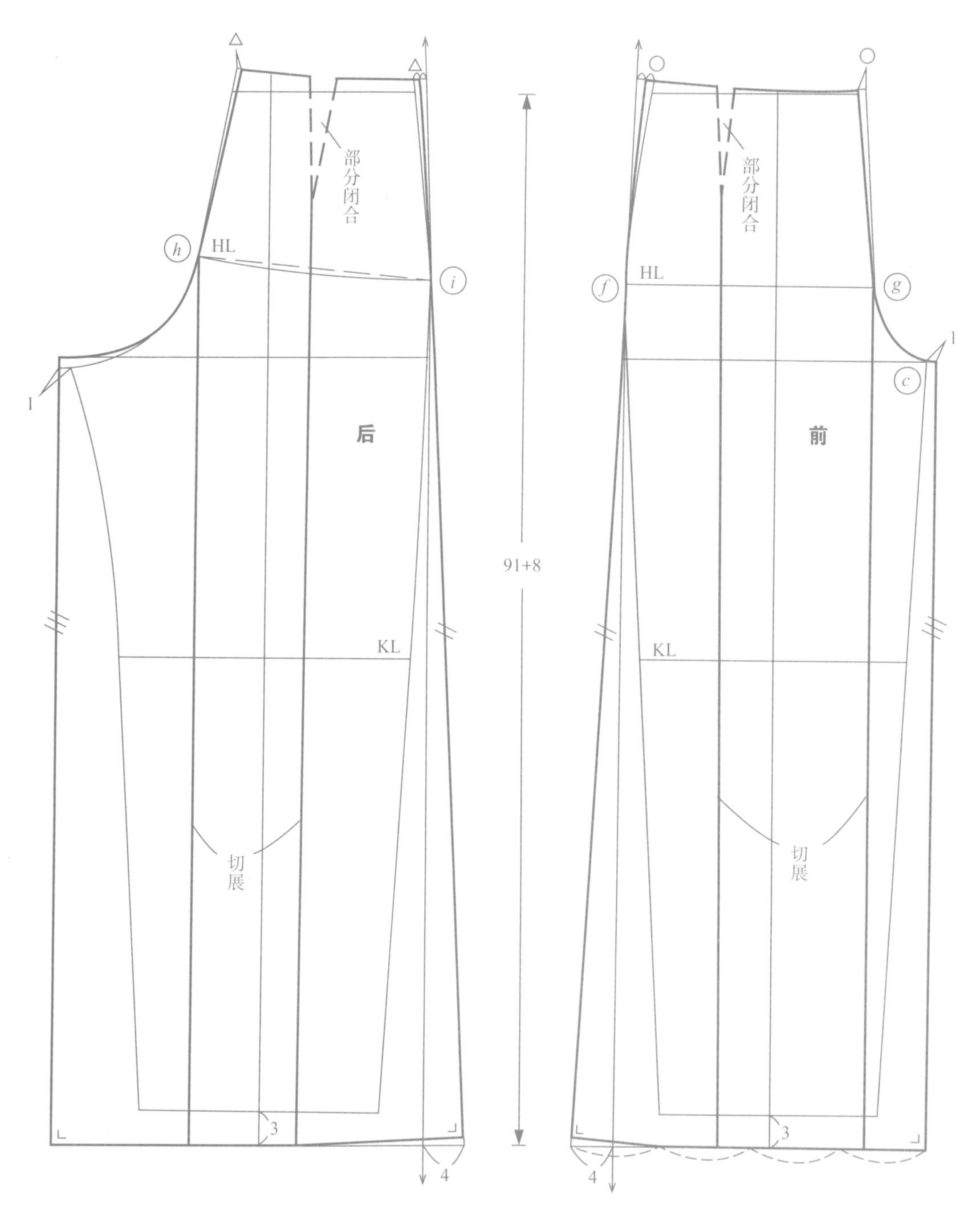

图 3–45

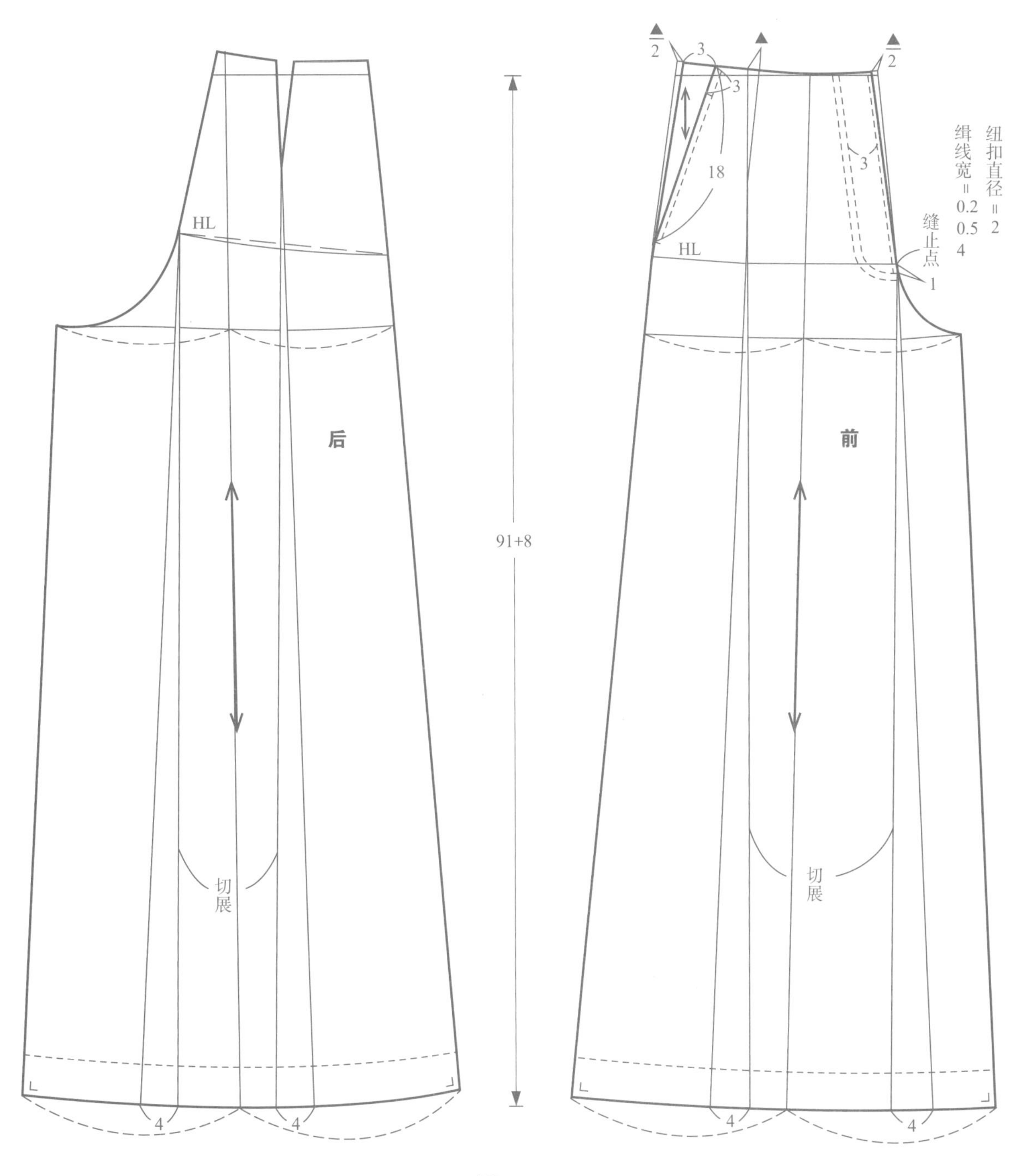
HL
后
切展
91+8
4
4
2
3
3
2
18
3
HL
缝止点
1
组扣直径=2
缉线宽=0.2 0.5 4
前
切展
4
4

图 3-46

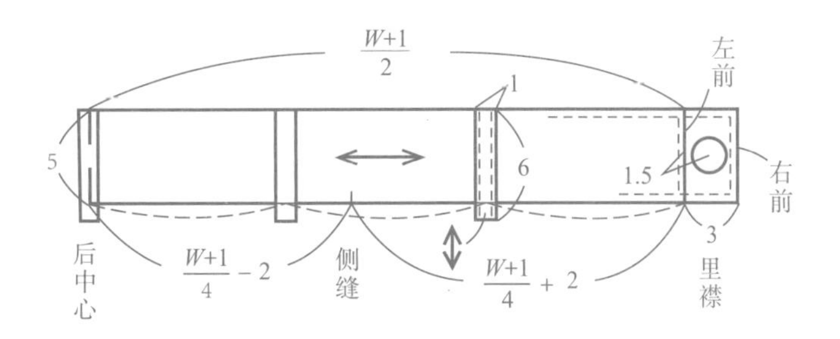
W+1
2
左前
1
5
6
1.5
右前
3
后中心
W+1
4
- 2
侧缝
W+1
4
+ 2
里襟

图 3-47

5. 基本裤型变化案例五：连腰九分锥形裤

5.1 款式特点分析

此款裤型为较常见的锥形裤，臀部宽松，从臀部至裤口逐渐变窄，裤口处有翻边装饰，裤外型轮廓呈锥形。腰部连裁无分割线，九分裤长。前裤片有一个单褶裥收省并起造型作用，侧缝处有斜插口袋。整体给人感觉既轻松又干练（图 3-48、图 3-49）。具体规格尺寸设计见表 3-8。

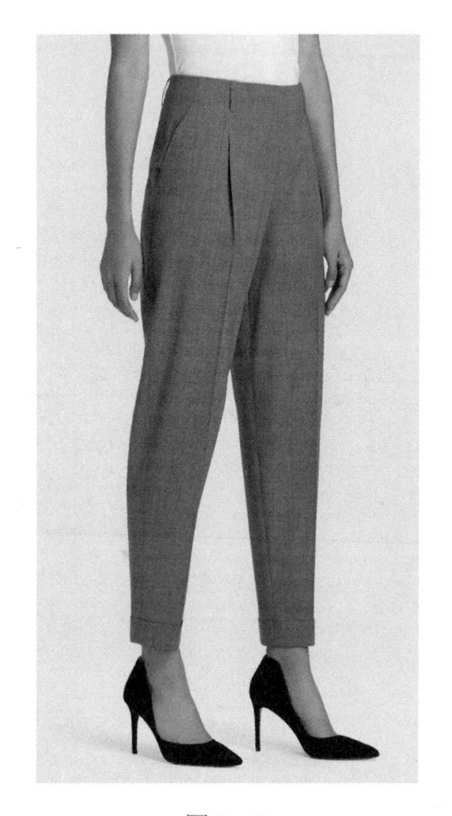

图 3-48

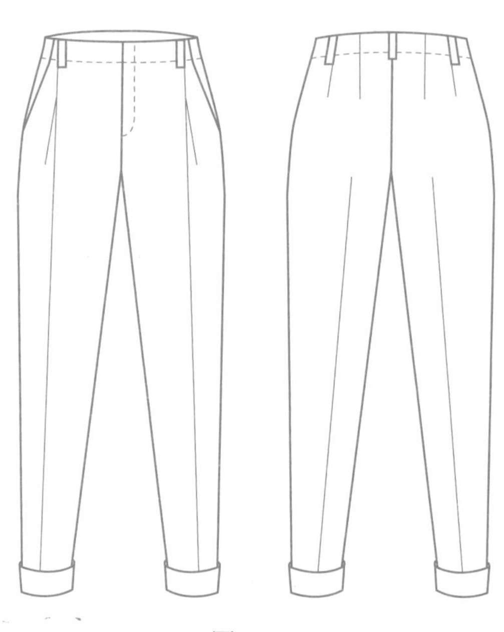

图 3-49

表 3-8　规格表　　单位：cm

号 / 型	部位	裤长	腰围（W）	臀围（H）	上裆长	腰长	腰头宽
160/68A	净体尺寸	91	68	90	25	18	—
	成品尺寸	92	69	100	26	18	3.5

5.2 结构制图要点

① 制图步骤与基础裤（图 2-2）的制图步骤基本相同。裤长取 91cm−2.5cm，2.5cm 为基本裤长的减短量。上裆长 25cm+1cm，绘制如图 3-50 所示。

② 腰部连裁，前片臀围处分配的松量较多，保证造型需要。后片臀围处的松量为 H / 4+1cm，绘制如

图 3-50 所示。

③ 裤口处翻折边的外翻松量和内翻的多余量可依具体面料的厚度调整，绘制如图 3-50 所示。

④ 串带位置及尺寸，绘制如图 3-51 所示。

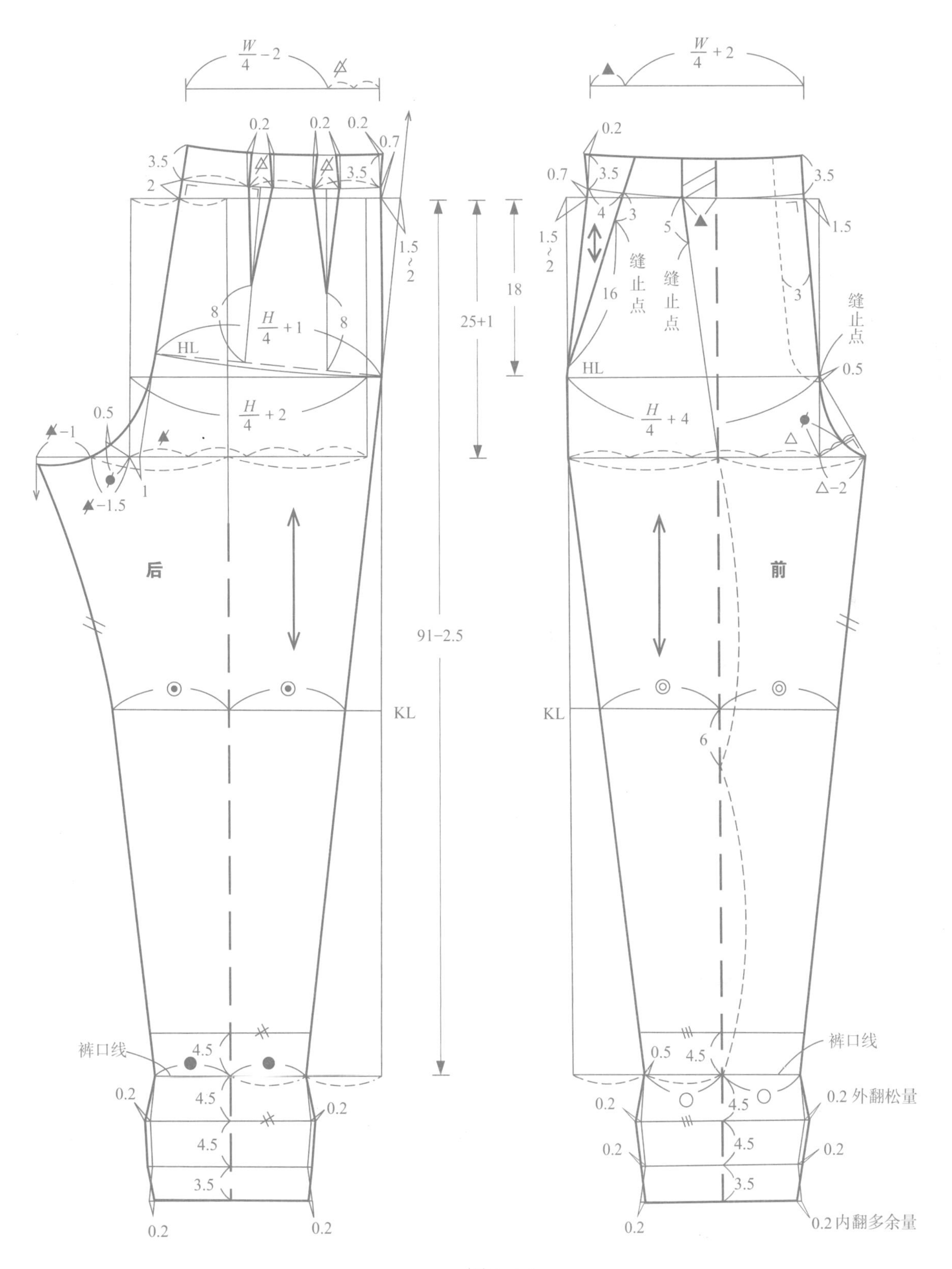

图 3-50

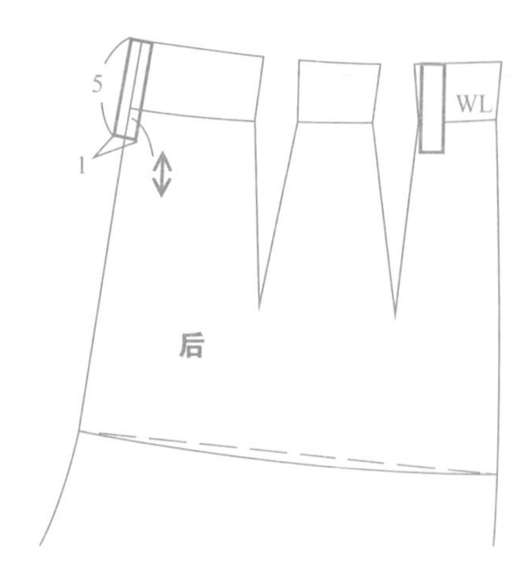

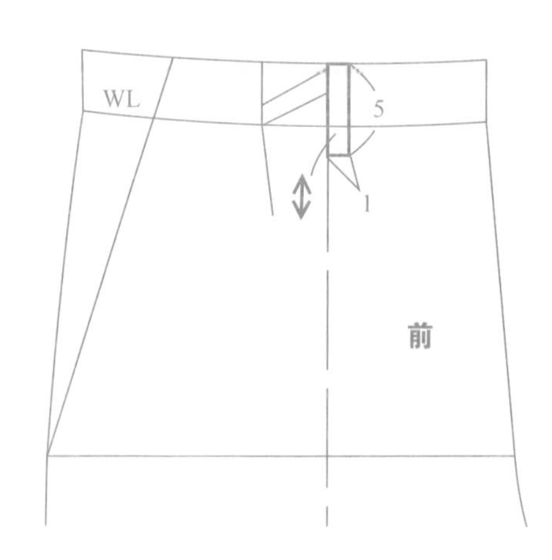

图 3-51

5.3　款式拓展要点分析一：无腰七分锥形裤

此款式裤与图 3-48 款式的腰臀部松量相似，前裤片都有一个单褶裥造型，后裤片同样两个省收腰，侧缝袋造型改变为弧线袋口。裤长较图 3-48 款减短（图 3-52、图 3-53），具体规格尺寸设计见表 3-9。

图 3-52

图 3-53

表 3-9　规格表　　单位：cm

号 / 型	部位	裤长	腰围（W）	臀围（H）	上裆长	腰长
160/68A	净体尺寸	91	68	90	25	18
	成品尺寸	78	69	100	26	18

5.4 结构设计变化要点

① 结构图可以在图 3-48 款式的结构图 3-50 基础上变化得到。裤长 91cm-14.5cm，也可以在基础图上减 12cm 得到。无腰头，加上 1.5cm 的毛边为实际腰部位置，所以成品裤长尺寸为 78cm。裤口尺寸依造型缩减，绘制如图 3-54 所示。

② 无腰结构，但腰部有 1.5cm 毛边装饰，绘制如图 3-54 所示。

③ 后裤片有单牙挖袋结构，袋口与腰围线平行，省尖位置可稍调整，在袋口开剪线上 0.3cm，绘制如图 3-54 所示。

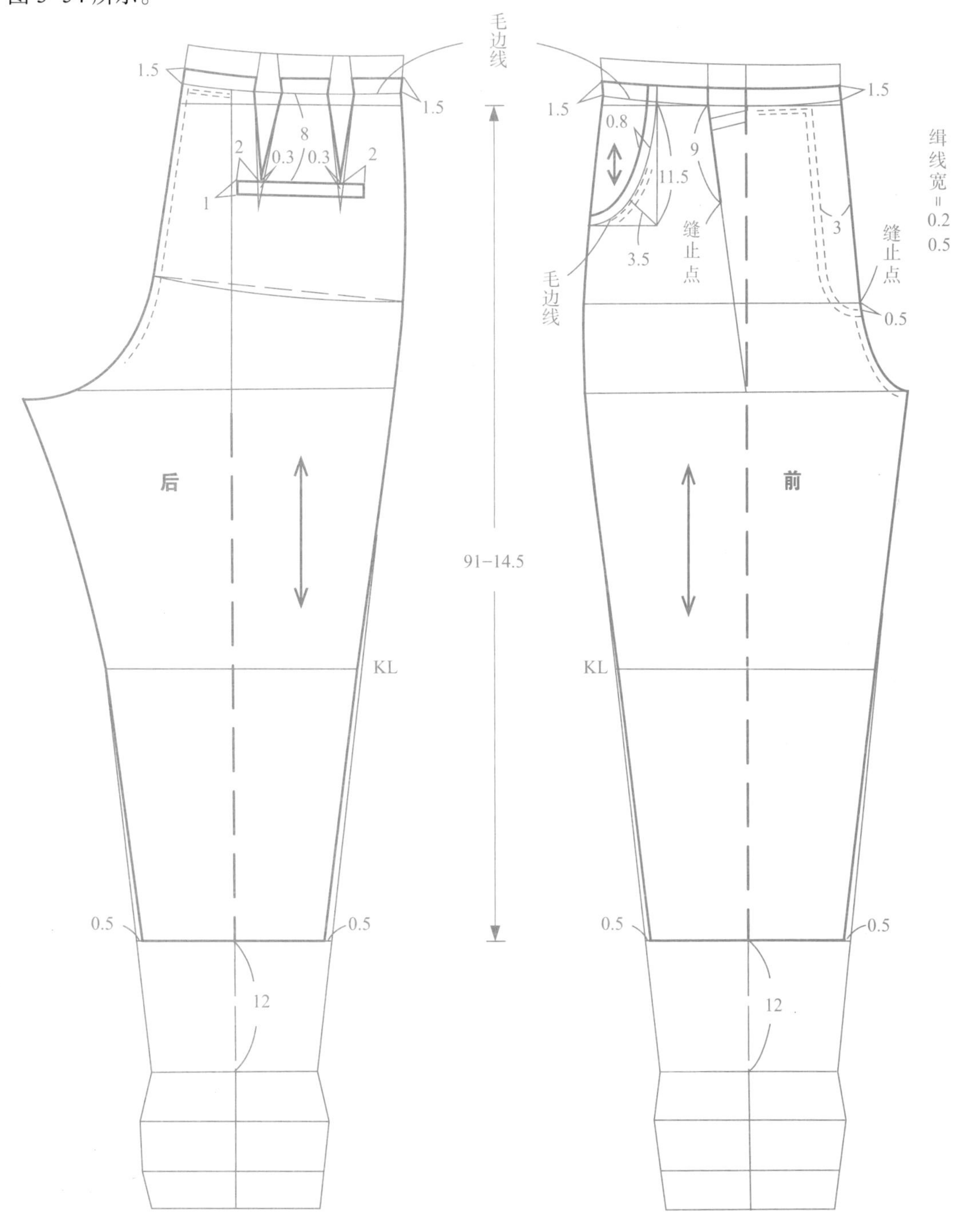

图 3-54

④ 侧缝处口袋造型依款式图改变，绘制如图 3-54 所示。

⑤ 门襟开口方向与图 3-48 款式不同，门襟明线缉在左裤片上，绘制如图 3-54 所示。

6. 基本裤型变化案例六：阔腿裤

6.1 款式特点分析

此款裤型腰臀部松度适量，裤腿部分宽松，裤长加长，裤口宽大且有翻折边装饰。整体裤型宽松，穿着舒适，前后裤片各有一个腰省收腰塑形（图 3-55、图 3-56），具体规格尺寸设计见表 3-10。

图 3-55

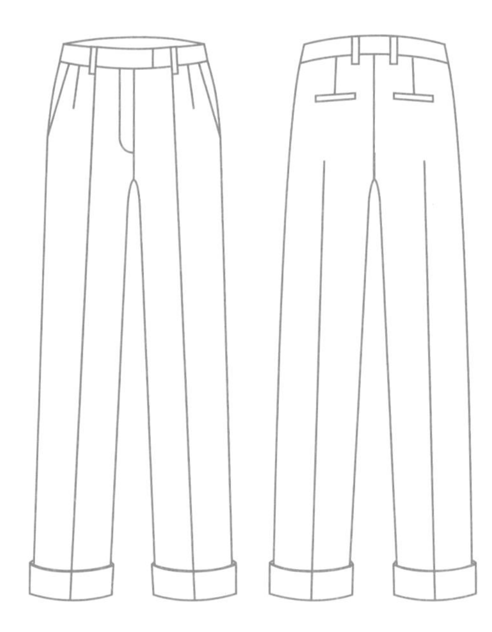

图 3-56

表 3-10 规格表 单位：cm

号 / 型	部位	裤长	腰围（W）	臀围（H）	上裆长	腰长	腰头宽
160/68A	净体尺寸	91	68	90	25	18	—
	成品尺寸	104	69	95	25	18	4

6.2 结构制图要点

① 结构制图可以在基础裤（图 2-2）的制图 2-6 的基础上变化得到，裤长 91cm+9cm，也可以在基础图上加 4cm 得到，绘制如图 3-57 所示。

② 分别过前后裤片臀围线（HL）与侧缝线交点作垂线，与裤口线相交，交点向下裆线方向收 1cm，确定前后片裤口与膝围线尺寸，绘制如图 3-57 所示。

③ 后裤片有单牙挖袋结构，袋口与腰围线平行，省尖位置可稍调整，在袋口开剪线上0.3cm，以省尖为中心袋口宽左右等分，绘制如图3-57所示。

④ 裤口处翻折边的外翻松量和内翻的多余量可依具体面料的厚度调整，绘制如图3-57所示。

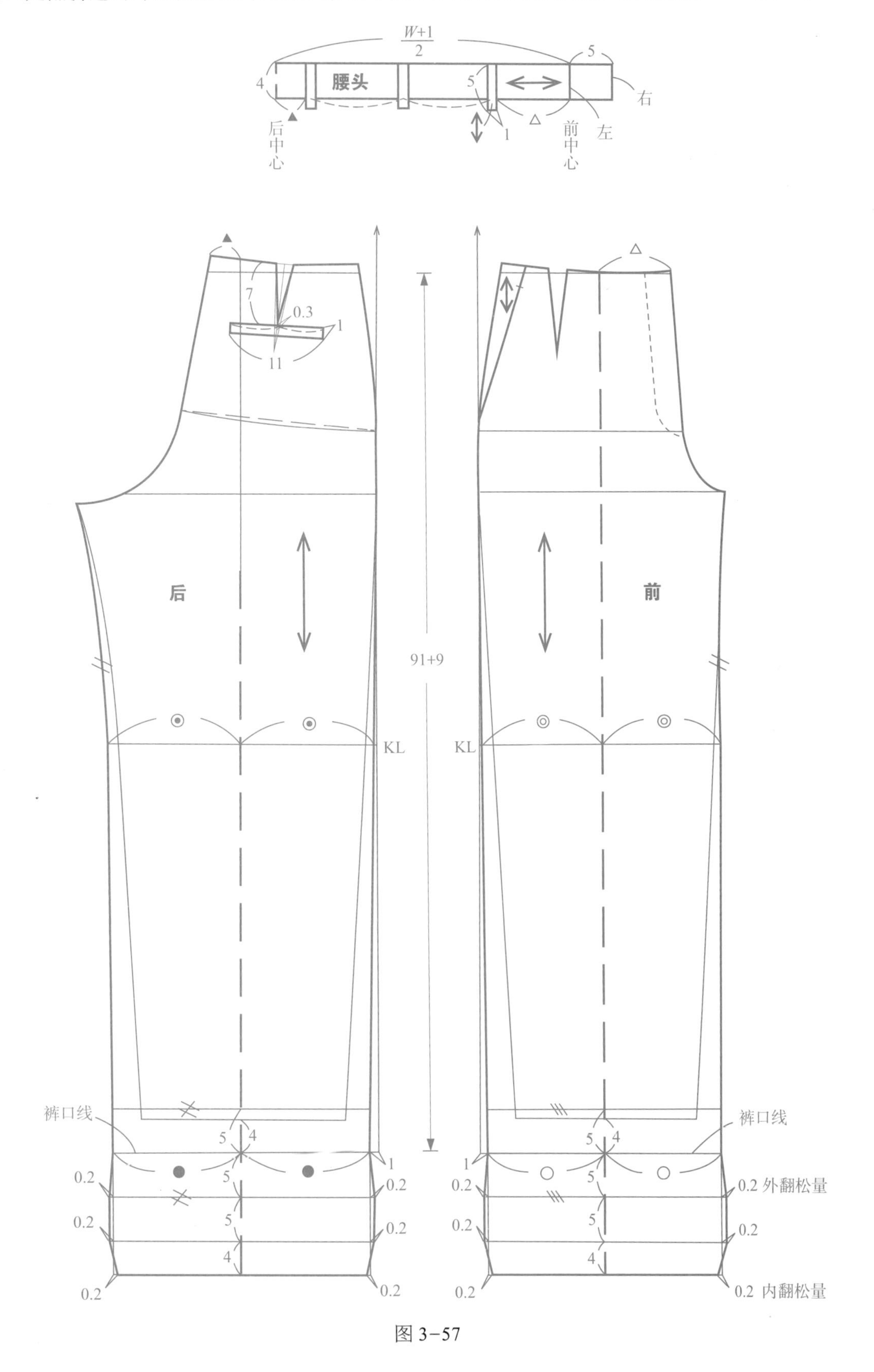

图3-57

6.3 款式拓展要点分析一：加褶阔腿裤

此款式阔腿裤与图 3-55 款式阔腿裤的腰臀部松量相似，在图 3-55 款式的基础上，前裤片有贴袋及抽褶设计。贴袋分割线处加入的碎褶，加大了裤腿的宽松度（图 3-58、图 3-59）。具体规格尺寸设计见表 3-11。

图 3-58

图 3-59

表 3-11 规格表　　单位：cm

号 / 型	部位	裤长	腰围（W）	臀围（H）	上裆长	腰长	腰头宽
160/68A	净体尺寸	91	68	90	25	18	—
	成品尺寸	104	69	95	25	18	4

6.4 结构设计变化要点

① 结构图可以在图 3-55 款式的结构图 3-57 基础上变化得到。裤长不变，调整前裤片腰省位置至烫迹线处，使腰省量在贴袋分割线中去除，绘制如图 3-60 所示。

② 依款式调整前裤片贴袋袋口位置，绘制如图 3-60 所示。

③ 后裤片腰省省尖向下作垂线为分割线，腰省省量在分割线处去除，绘制如图 3-60 所示。

④ 依款式前后裤片在分割线处加入 10cm 的褶量，作为裤腿造型的宽松量，绘制如图 3-60 所示。

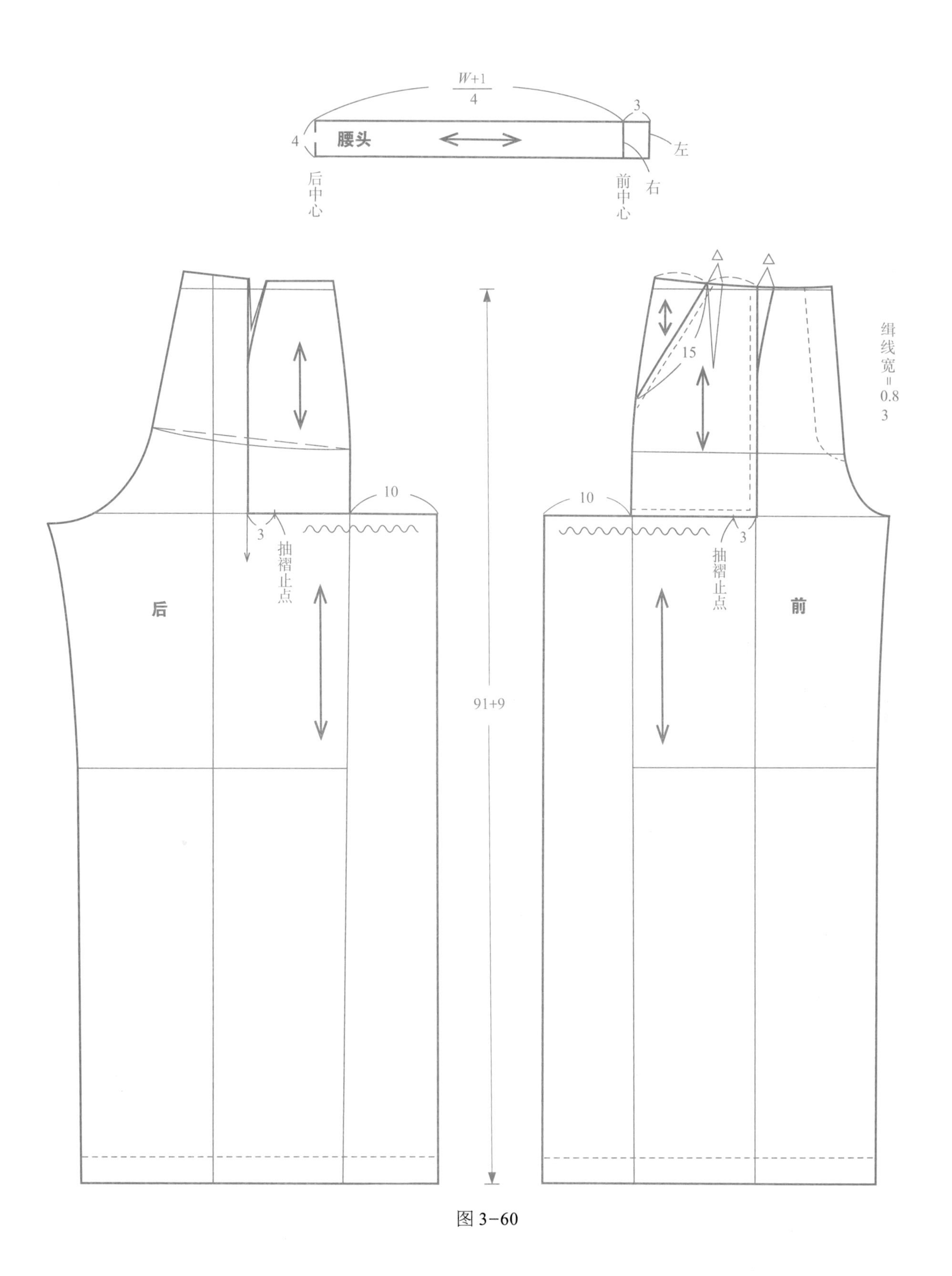

图 3-60

7. 基本裤型变化案例七：裙裤

7.1 款式特点分析

此款裤外形轮廓接近裙子所以称为裙裤，既有裤子的功能又有裙子的造型。裤口较宽，呈喇叭状，面料较挺括，轮廓造型感较强。后裤片有两个单牙口袋（图 3-61、图 3-62）。具体规格尺寸设计见表 3-12。

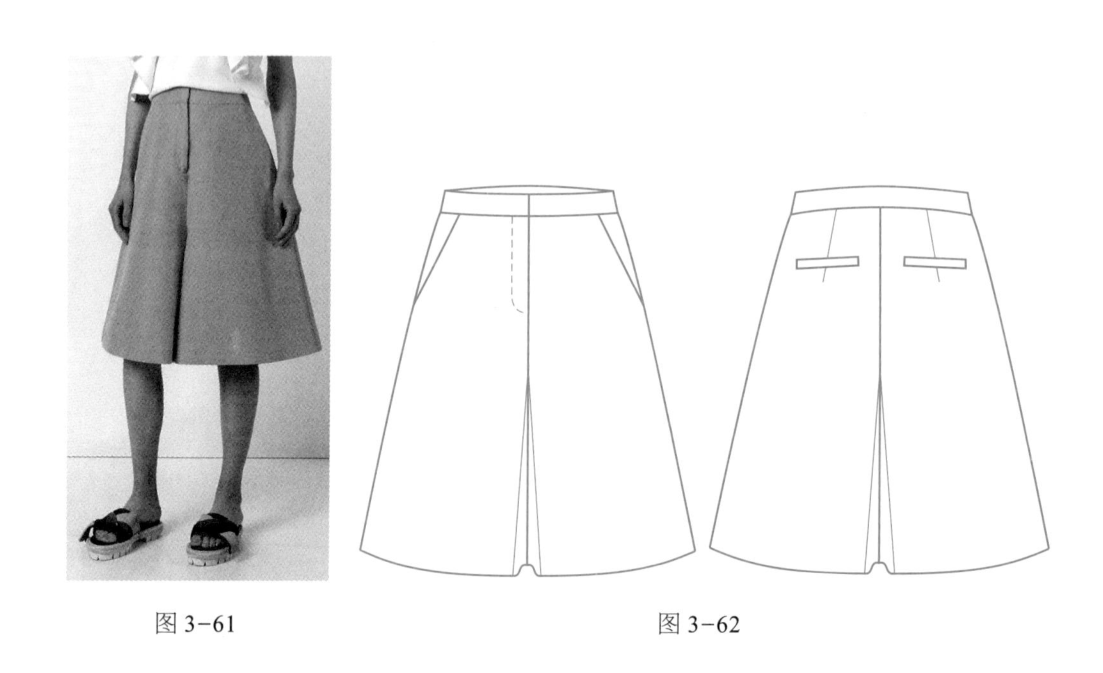

图 3-61　　　　图 3-62

表 3-12　规格表　　　　单位：cm

号 / 型	部位	裤长	腰围（W）	臀围（H）	上裆长	腰长	腰头宽
160/68A	净体尺寸	91	68	90	25	18	—
	成品尺寸	63	69	98	27	18	4

7.2 结构制图要点

① 制图步骤与基础裤（图 2-2）的制图步骤基本相同。裤长取 59cm，上裆长 25cm+2cm，绘制如图 3-63 所示。

② 裙裤的外观造型接近裙子，所以前后裆宽尺寸相应加大。前裆宽 = 前臀围 /2-2.5cm；后裆宽 = 后臀围 /2，绘制如图 3-63 所示。

③ 依前片造型需要，腰围处无省，省量分别在前中心和侧缝处消除，绘制如图 3-63 所示。

④ 后片单牙口袋与腰线平行，绘制如图 3-63 所示。

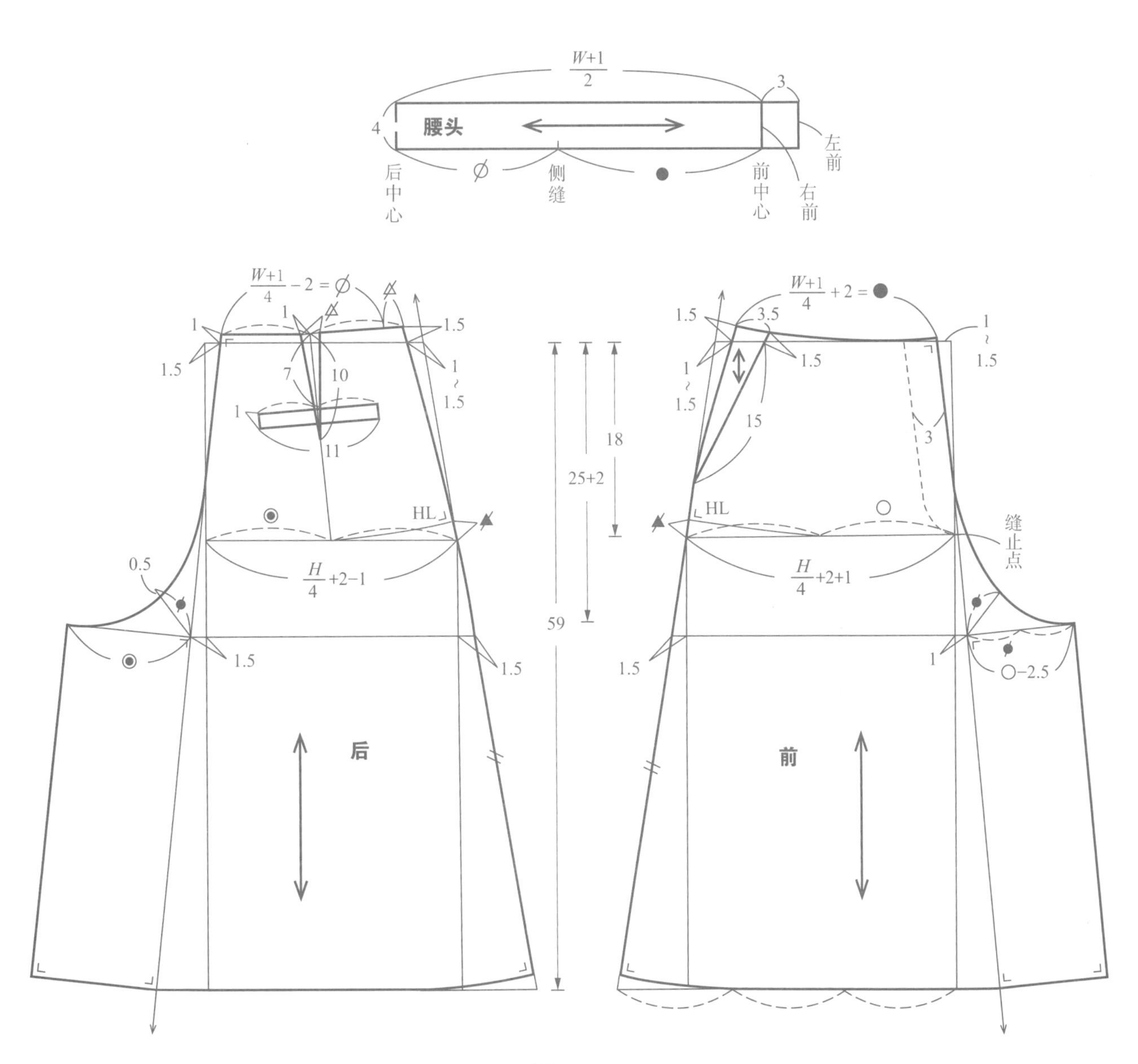
W+1
2
3
4
腰头
左前
后中心
侧缝
前中心
右前
W+1
4
-2=
1
1.5
7
10
1
11
1
~
1.5
HL
H
4
+2-1
0.5
1.5
1.5
后
18
25+2
59
W+1
4
+2=
3.5
1.5
15
3
HL
H
4
+2+1
缝止点
1
○-2.5
前

图 3-63

模块 4　时尚款裤型变化案例

1. 时尚款裤型变化案例一：无腰省阔腿七分裤

1.1　款式特点分析

此款裤型腰胯部合体，前、后片腰省分别转移至前侧袋处和后裤片分割线处，分割线处加入褶裥装饰，面料挺括，裤子造型轮廓感较强（图 4-1、图 4-2），具体规格尺寸设计见表 4-1。

图 4-1

图 4-2

表 4-1　规格表　　单位：cm

号 / 型	部位	裤长	腰围（W）	臀围（H）	上裆长	腰长	腰头宽
160/68A	净体尺寸	91	68	90	25	18	—
	成品尺寸	75	69	—	25	18	3

1.2　结构制图要点

① 制图步骤与基础裤（图 2-2）的制图步骤基本相同。裤长取 72cm，绘制如图 4-3 所示。

② 前、后裤片裆部尺寸依据裤子造型调整，绘制如图 4-3 所示。

③ 前裤片腰省转移至前侧袋处。后裤片腰省省尖延长至分割线处后，省量合并。前、后裤片分割线处从对位点向下作垂线为褶量切展线，绘制如图 4-4 所示。

④ 前、后裤片部位合并及切展褶量后轮廓，绘制如图 4-5 所示。

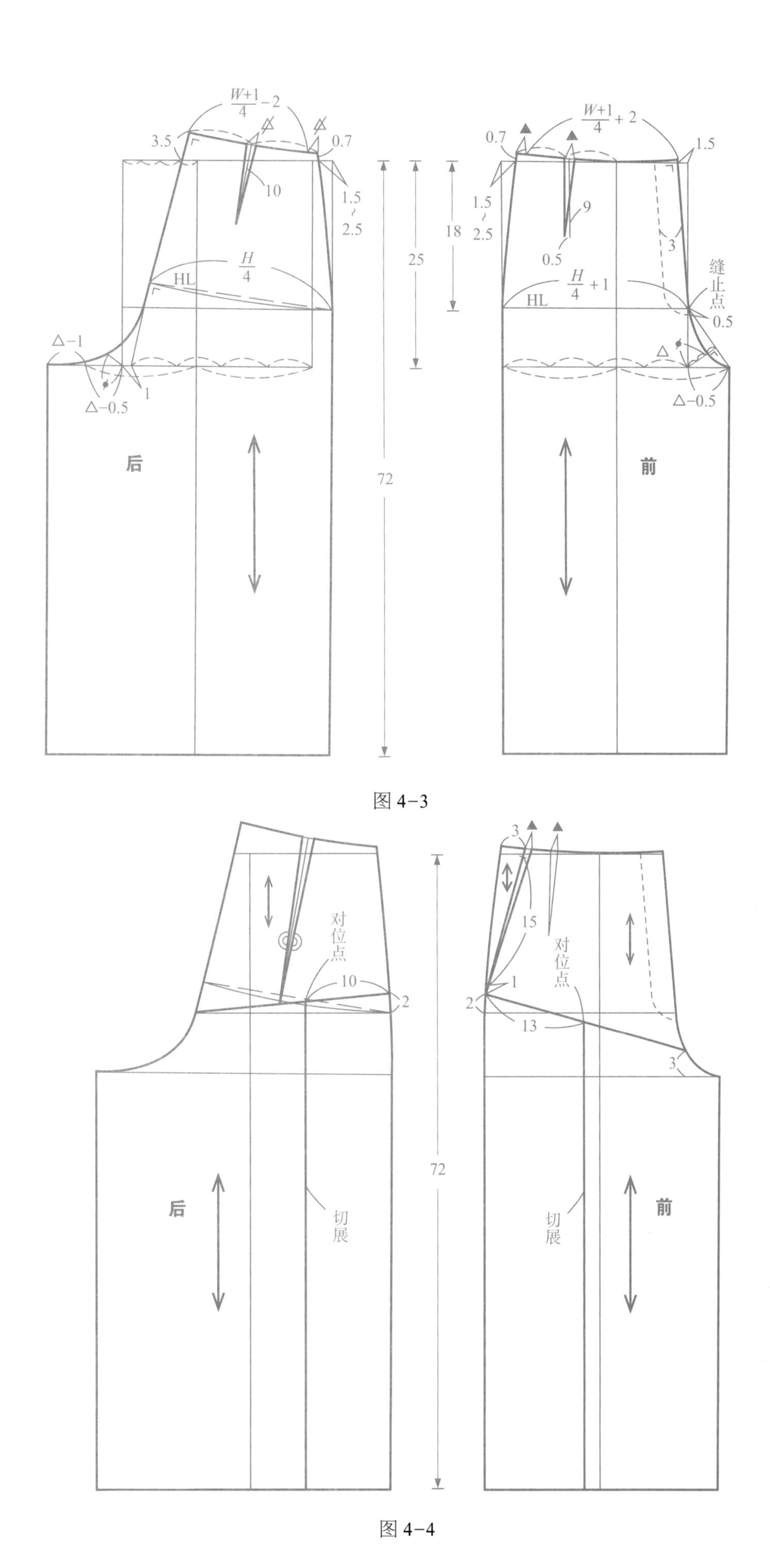

$\frac{W+1}{4}-2$
3.5
0.7
10
1.5~2.5
$\frac{H}{4}$
HL
△-1
△-0.5
1
后
25
72
$\frac{W+1}{4}+2$
0.7
1.5
18
9
0.5
3
$\frac{H}{4}+1$
缝止点
0.5
△-0.5
前
对位点
10
2
切展
15
1
13
3

图 4-3

图 4-4

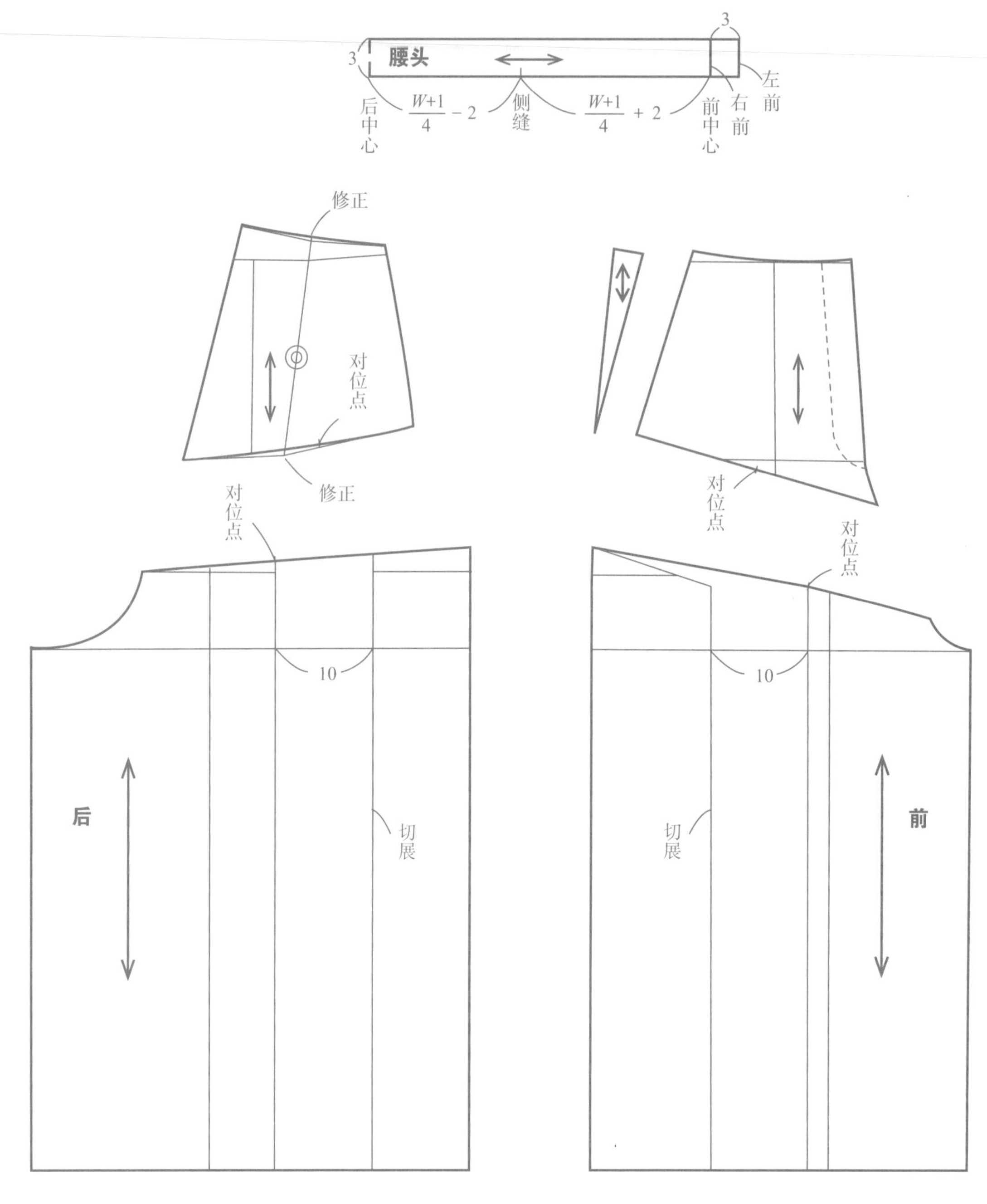

图 4-5

1.3 款式拓展要点分析：无腰省阔腿短裤

图 4-6 款式与图 4-1 款式的主要结构特征相同，只是长短不同。图 4-6 款式的结构图可以在图 4-1 款式的结构图基础上变化得到。具体规格尺寸设计见表 4-2。

表 4-2 规格表 单位：cm

号 / 型	部位	裤长	腰围（W）	臀围（H）	上裆长	腰长	腰头宽
160/68A	净体尺寸	91	68	90	25	18	—
	成品尺寸	42	69	—	25	18	3

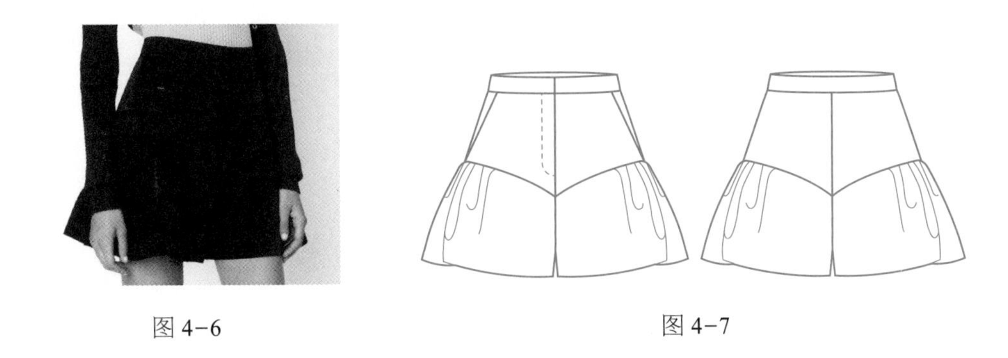

图 4-6　　图 4-7

1.4 结构设计变化要点

① 结构制图可以在款式图 4-1（结构图 4-5）的基础上变化得到，裤长 39cm，绘制如图 4-8 所示。

② 其他部分绘制同图 4-8 所示。

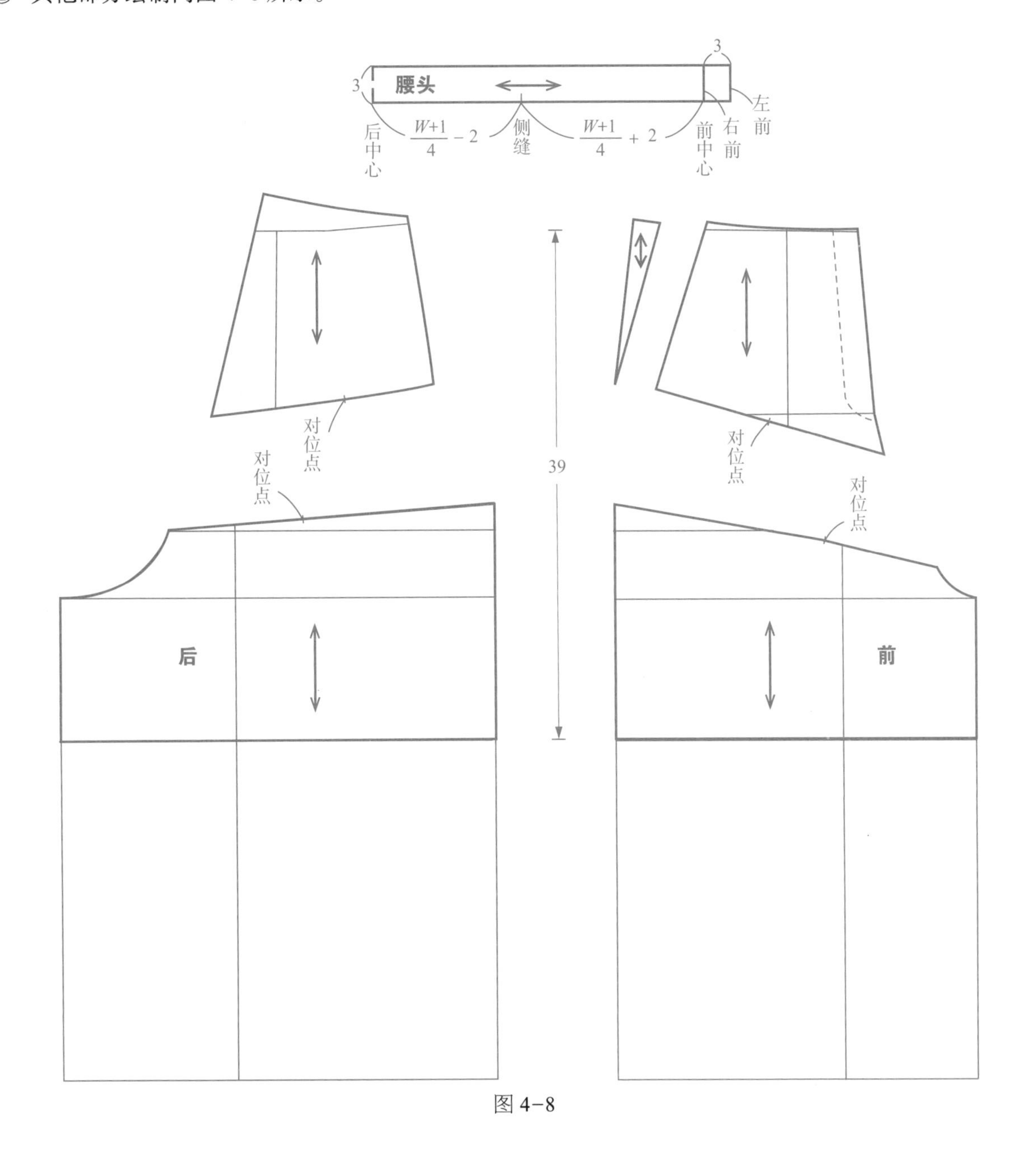

图 4-8

2. 时尚款裤型变化案例二：阔腿裙裤

2.1　款式特点分析

此款裤型裤腿部分宽松，外轮廓造型接近裙子。臀围、裆部及裤腿的加放量较大，腰部有松紧带调节，适合选用薄且垂感好的面料制作（图 4–9、图 4–10）。具体规格尺寸设计见表 4–3。

图 4–9

图 4–10

表 4–3　规格表　　单位：cm

号 / 型	部位	裤长	腰围（W）	臀围（H）	上裆长	腰长	腰头宽
160/68A	净体尺寸	91	68	90	25	18	—
	成品尺寸	104	68	110	28	18	3

2.2　结构制图要点

① 制图步骤与基础裤（图 2–2）的制图步骤基本相同。裤长取 91cm+10cm，10cm 为基本裤长的增加量，上裆长尺寸 25cm+3cm，绘制如图 4–11 所示。

② 前片臀围处分配的松量较多，保证造型需要。后片臀围处的松量为 H / 4+3cm，绘制如图 4–11 所示。

③ 因款式造型需要，臀围处加放量较大时，前、后裆宽尺寸也不能随之无限增大。这种情况下通常

前裆宽尺寸为前臀围尺寸的 1/3，后裆宽尺寸可在前裆宽尺寸的基础上加 1 ~ 2cm。绘制如图 4-11 所示。

④ 腰头部分在侧缝前后加入松紧带，调整后成品腰围尺寸为 68cm。绘制如图 4-11 所示。

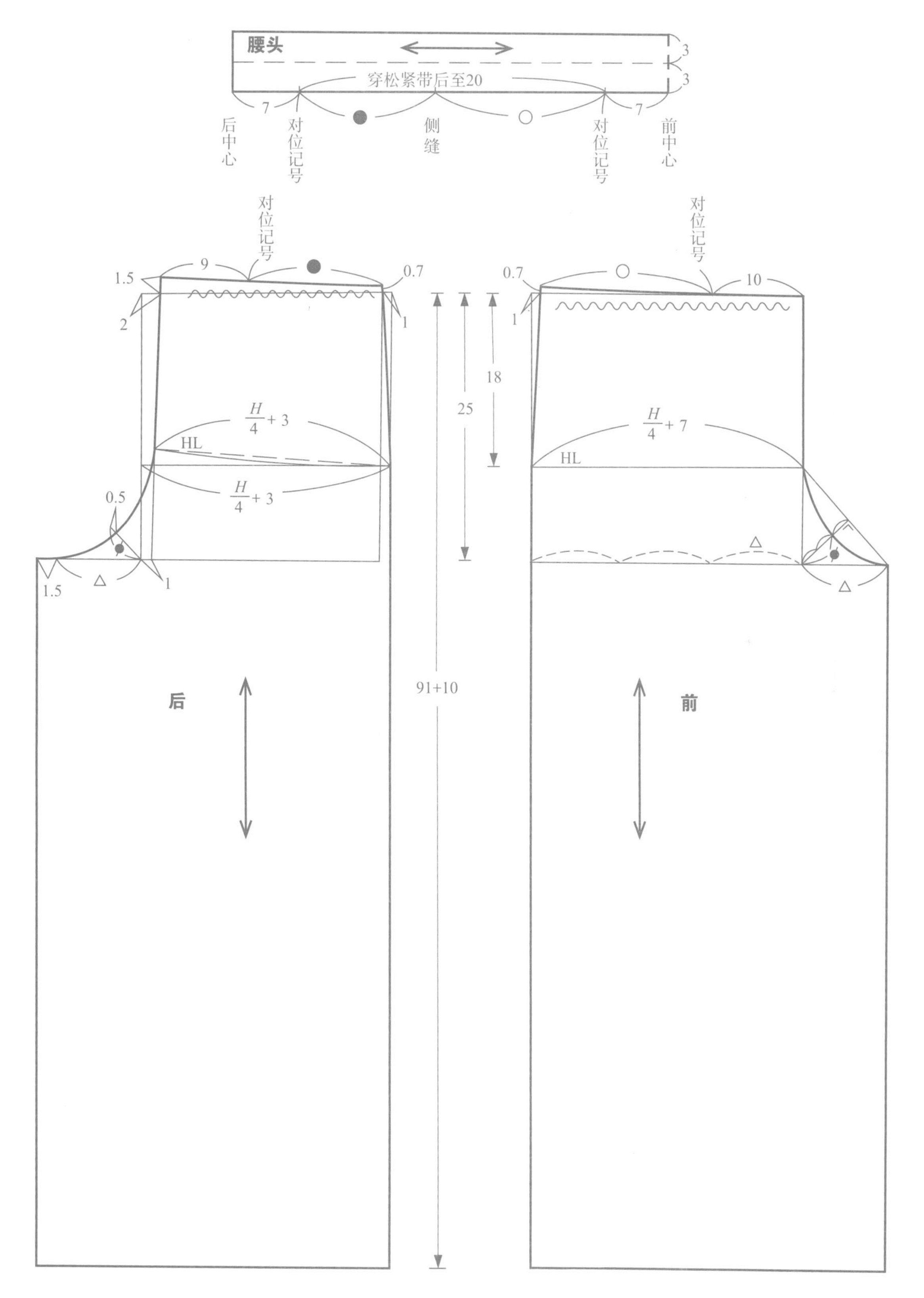

图 4-11

2.3 款式拓展要点分析一：系带开衩裙裤

此款式裤与图 4–9 款式裤的臀部放松量和裤腿部分造型基本相同，裤长稍短，侧缝下摆处有开衩设计。腰部造型有所变化，在松紧带基础上加入了系带装饰（图 4–12、图 4–13）。具体规格尺寸设计见表 4–4。

图 4–12　　图 4–13

表 4–4　规格表　　单位：cm

号 / 型	部位	裤长	腰围（W）	臀围（H）	上裆长	腰长	腰头宽
160/68A	净体尺寸	91	68	90	25	18	—
	成品尺寸	103	70	110	28	18	5.5

2.4 结构设计变化要点

① 结构图可以在图 4–9 款式的结构图 4–11 基础上变化得到。裤长 91cm+6.5cm，也可以在基础图上减 3.5cm 得到，绘制如图 4–14 所示。

② 侧缝下摆处开衩结构绘制如图 4–14 所示。

③ 腰头部分加松紧带，并用缉线固定，调整后成品腰围尺寸为 70cm。腰头中间部分打孔，穿入绳带，绘制如图 4–14 所示。

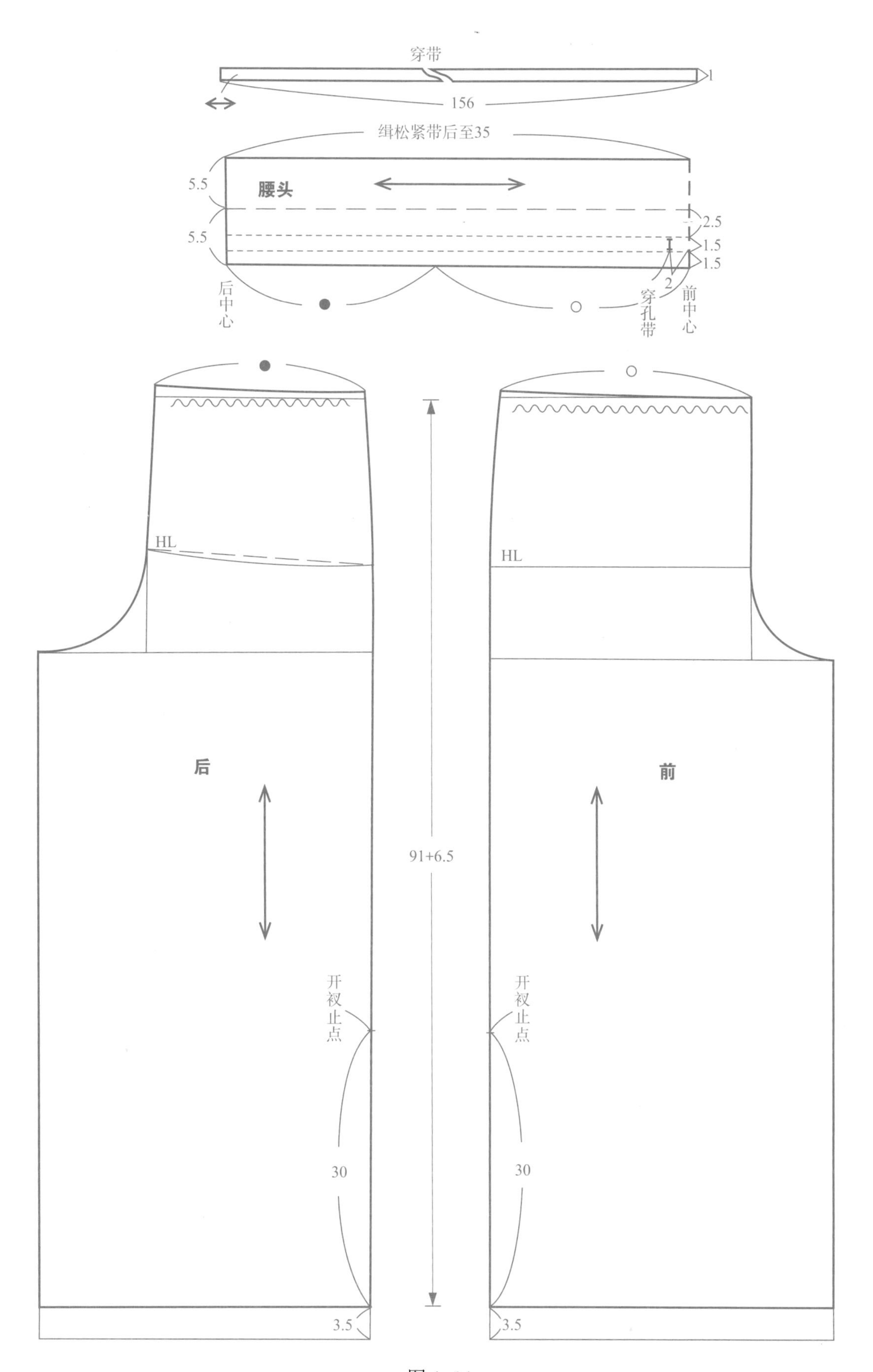

穿带
1
156
缉松紧带后至35
5.5
腰头
5.5
2.5
1.5
1.5
2
后中心
穿孔带
前中心
HL
HL
后
前
91+6.5
开衩止点
开衩止点
30
30
3.5
3.5

图 4-14

3. 时尚款裤型变化案例三：无腰纵向分割拉链装饰短裤

3.1 款式特点分析

此款短裤腰臀部合体，无腰。前裤片纵向分割，在分割线处有拉链装饰并作为开口。后裤片以腰省收身（图 4-15、图 4-16）。具体规格尺寸设计见表 4-5。

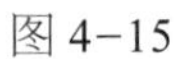

图 4-15

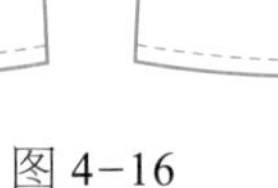

图 4-16

表 4-5 规格表　　单位：cm

号 / 型	部位	裤长	腰围（W）	臀围（H）	上裆长	腰长
160/68A	净体尺寸	91	68	90	25	18
	成品尺寸	31	69	92	24	18

3.2 结构制图要点

① 制图步骤与基础裤（图 2-2）的制图步骤基本相同。裤长 31cm，上裆长尺寸 25cm−1cm，后裆下落量为 2.5cm，绘制如图 4-17 所示。

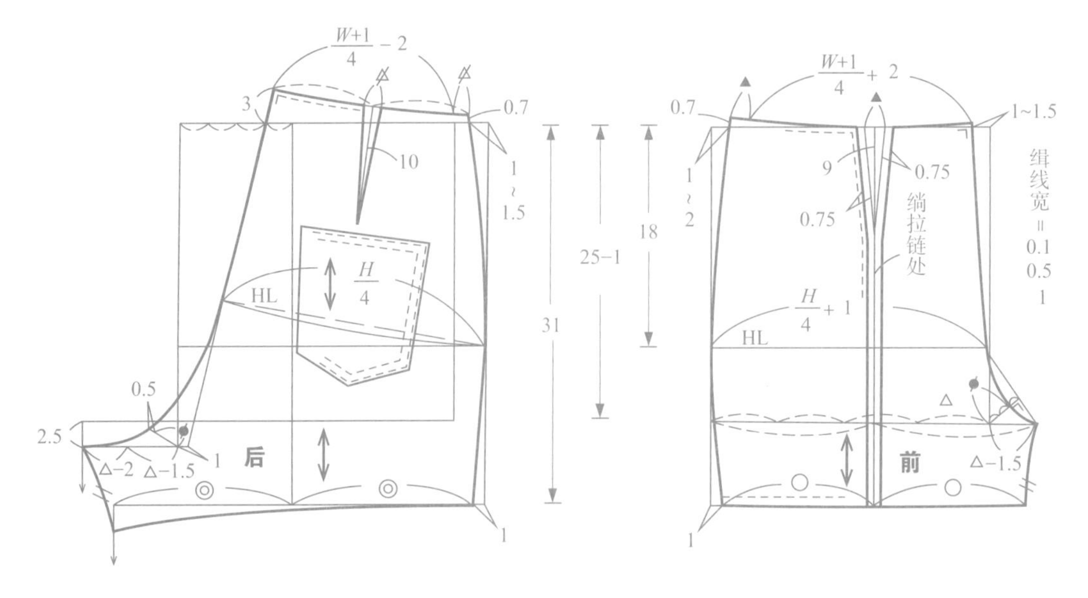

图 4-17

② 前腰省依款式造型，移至烫迹线处，并留出 1.5cm 的绱拉链位置做分割线，绘制如图 4-17 所示。

③ 后裤片口袋位置绘制如图 4-18 所示。

④ 前裤片造型分割线绘制如图 4-19 所示。

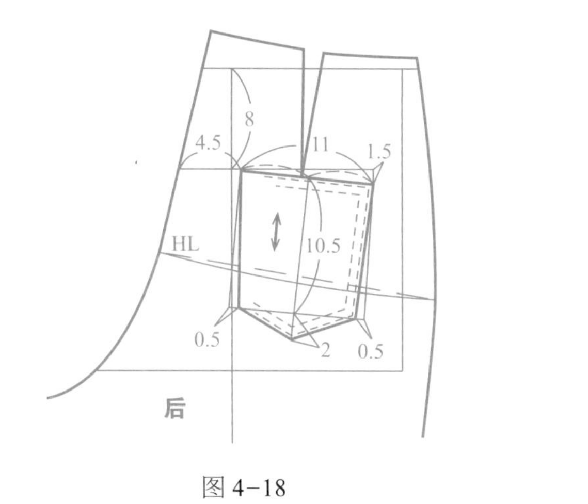

图 4-18

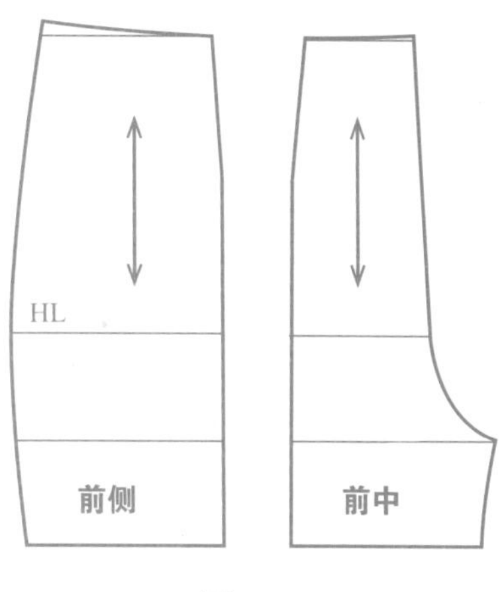

图 4-19

3.3 款式拓展要点分析：连腰纵向分割双排扣装饰短裤

图 4-20 款式与图 4-15 款式的腰臀部松量相似。在图 4-15 款式的基础上，裤腿长度缩短，腰部向上延伸，有连腰设计。前裤片有双排扣装饰，两侧各有两个开口向下的单牙口袋。后裤片左右各有一个开口向下的单牙口袋。图 4-20 款式的结构图可以在图 4-15 款式的结构图 4-17 的基础上变化得到。具体规格尺寸设计见表 4-6。

图 4-20

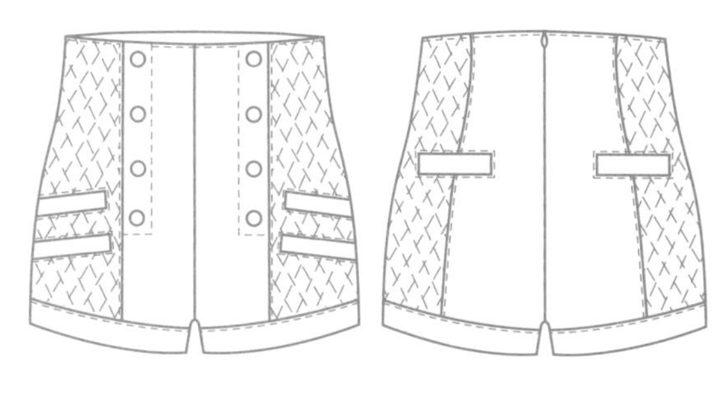

图 4-21

表 4-6 规格表

单位：cm

号／型	部位	裤长	腰围（W）	臀围（H）	上裆长	腰长	腰头宽
160/68A	净体尺寸	91	68	90	25	18	—
	成品尺寸	31	69	92	24	18	3

3.4 结构设计变化要点

① 结构制图可以在款式图 4–15（结构制图 4–17）的基础上变化得到，裤长 28cm，绘制如图 4–22 所示。

② 前后裤片腰部加连腰量 3cm，绘制如图 4–22 所示。

③ 前裤片腰省偏移到烫迹线的侧缝方向，并以烫迹线为分割线。纽扣及两个开口向下的单牙口袋位置绘制如图 4–22 所示。

④ 后裤片单牙口袋的位置同图 4–17 后袋的袋口位置，绘制如图 4–22 所示。

⑤ 前裤片造型分割线绘制如图 4–23 所示。

⑥ 后裤片造型分割线绘制如图 4–24 所示。

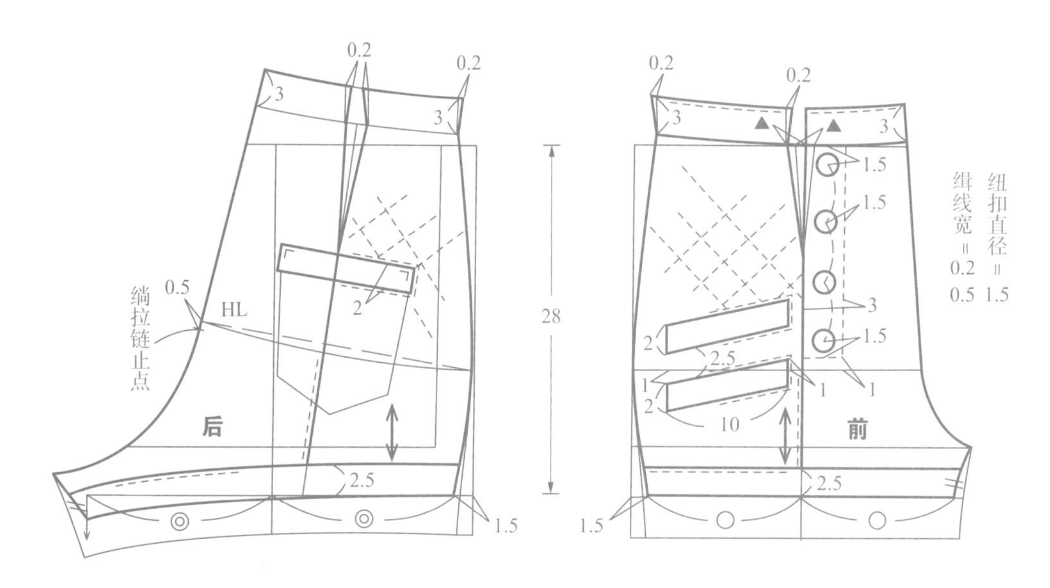

图 4–22

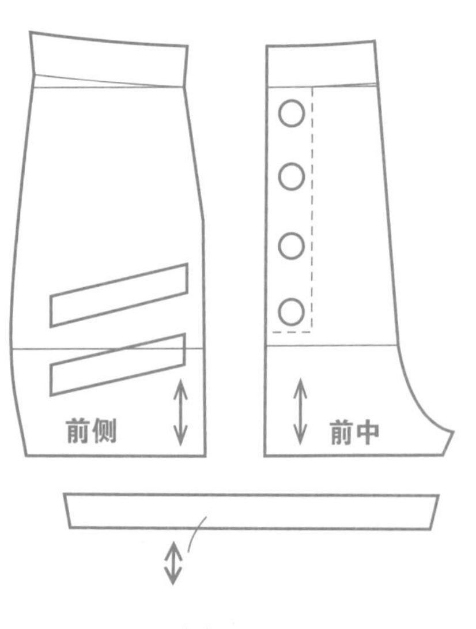

图 4–23

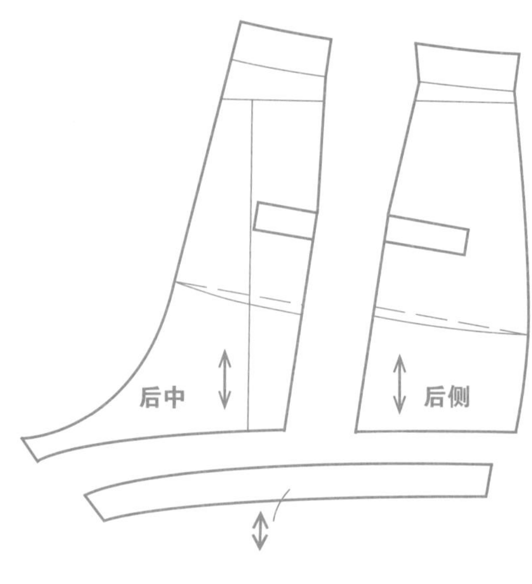

图 4–24

4. 时尚款裤型变化案例四：单褶裥连腰八分裤

4.1 款式特点分析

此款裤型为连腰八分裤，前裤片一个大的单褶裥塑型并起装饰作用。后裤片右侧一个双牙带袋盖的挖袋。腰部打孔穿皮条系结固定并装饰，整体造型简单、干练、有特色（图 4-25、图 4-26）。具体规格尺寸设计见表 4-7。

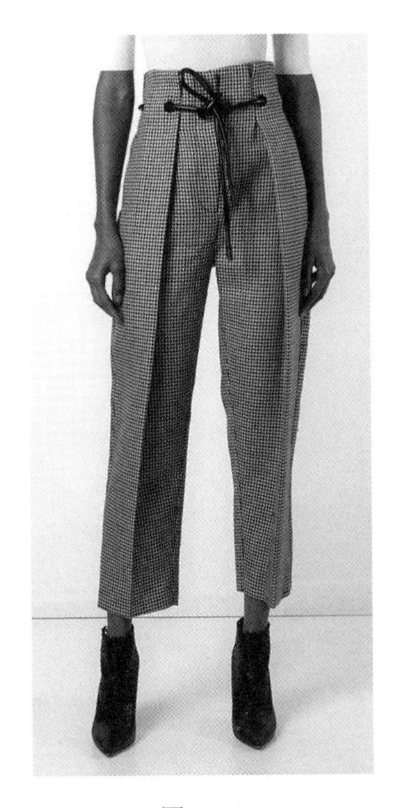

图 4-25

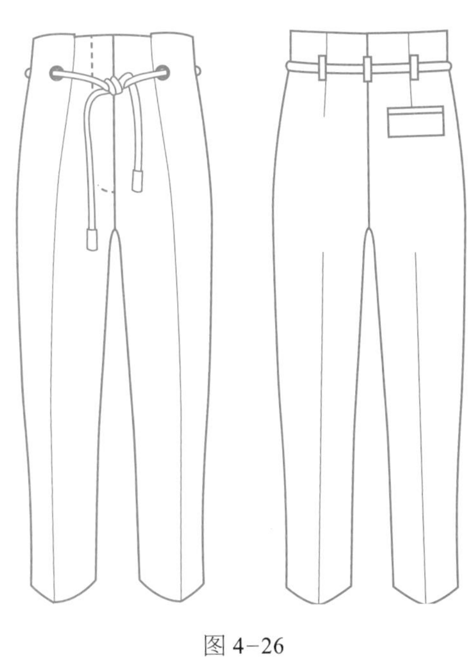

图 4-26

表 4-7 规格表 单位：cm

号 / 型	部位	裤长	腰围（*W*）	臀围（*H*）	上裆长	腰长	腰头宽
160/68A	净体尺寸	91	68	90	25	18	—
	成品尺寸	89	70	—	25	18	6

4.2 结构制图要点

① 结构制图可以在基础裤（图 2-2）的制图 2-6 的基础上变化得到，裤长 91cm-8cm，也可以在基础图上减 13cm 得到，绘制如图 4-27 所示。

② 前、后裤片腰围线向上延长 6cm，作为连腰量，绘制如图 4-27 所示。

③ 前裤片腰省移到烫迹线位置，省量减除 0.5cm，绘制如图 4-27 所示。

④ 后裤片口袋绘制如图 4-27 所示。

⑤ 前、后裤片腰围线处的串带和穿带圆孔位置，绘制如图 4-27 所示。

⑥ 前裤片沿烫迹线处切展，腰围线处拉开 10cm 作为单褶裥量，绘制如图 4-28 所示。

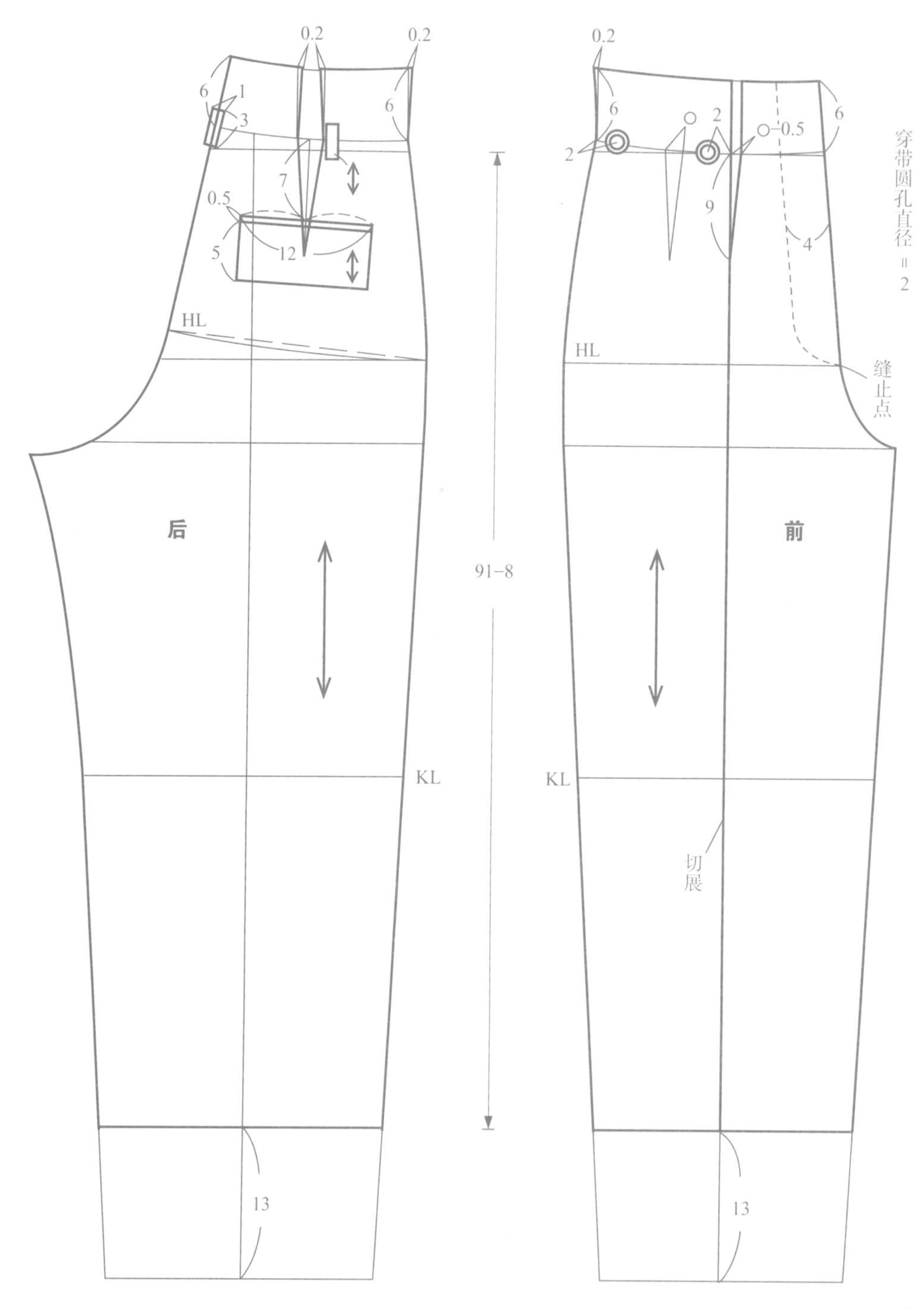

图 4-27

图 4-28

4.3 款式拓展要点分析一：单褶裥连腰短裤

此款式短裤外观结构要点与图 4-25 款式基本相同，只是裤的长短不同（图 4-29、图 4-30）。具体规格尺寸设计见表 4-8。

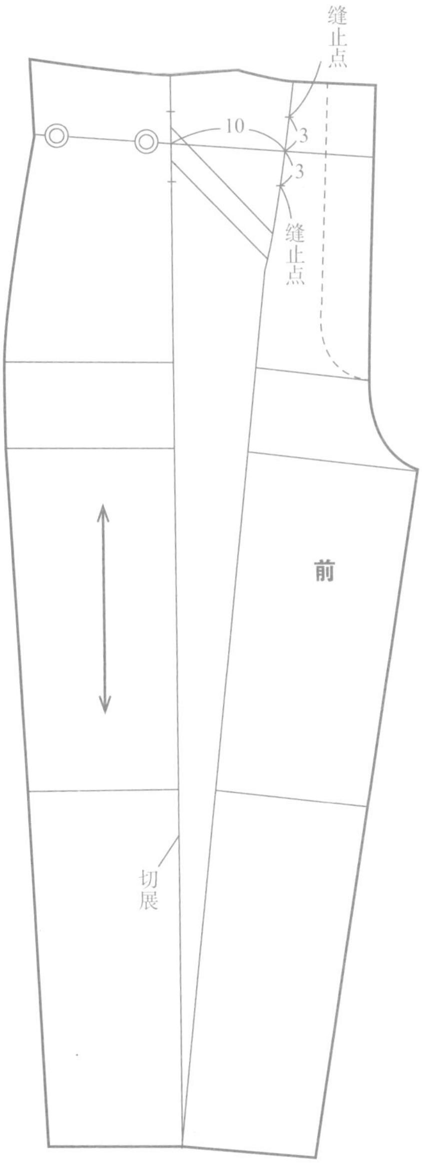

图 4-29

图 4-30

表 4-8　规格表　　单位：cm

号 / 型	部位	裤长	腰围（W）	臀围（H）	上裆长	腰长	腰头宽
160/68A	净体尺寸	91	68	90	25	18	—
	成品尺寸	40	70	—	25	18	6

4.4 结构制图要点

① 结构制图可以在基础裤（图 2-2）的制图 2-6 的基础上变化得到，裤长 34cm，绘制如图 4-31 所示。

② 后裤片横裆线在基础图上下落 2.5cm，绘制如图 4-31 所示。

③ 前裤片沿烫迹线处切展，腰围线处拉开 10cm 作为单褶裥量，绘制如图 4-32 所示。

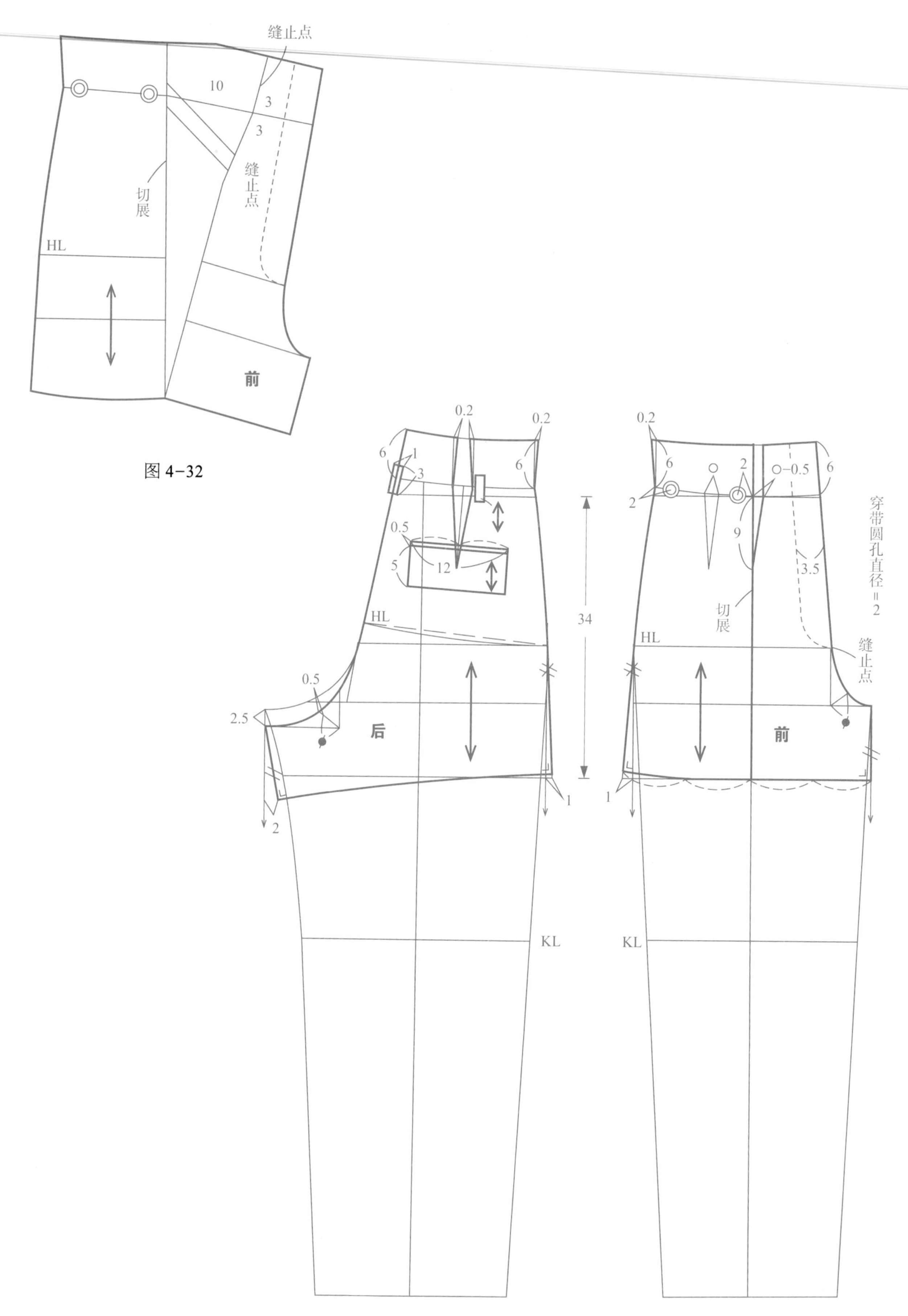
缝止点
10
3
3
缝止点
切展
HL
前
0.2
0.2
6
1
3
6
0.5
5
12
HL
34
0.5
2.5
后
2
1
KL
0.2
6
2
○-0.5
6
2
9
3.5
切展
穿带圆孔直径=2
HL
缝止点
前
1
KL

图 4-32

图 4-31

4.5 款式拓展要点分析二：单褶裥拼接短裤

此款式短裤结构要点与图 4-29 款式特点基本相同，只是此款短裤的单褶裥部分是平行拉开，腰部为绱腰头。前裤片有布料拼接设计，侧缝处有单牙斜插挖袋。右侧侧缝处装有拉链开口（图 4-33、图 4-34）。具体规格尺寸设计见表 4-9。

图 4-33

图 4-34

表 4-9 规格表　　单位：cm

号 / 型	部位	裤长	腰围（W）	臀围（H）	上裆长	腰长	腰头宽
160/68A	净体尺寸	91	68	90	25	18	—
	成品尺寸	38	69	—	25	18	4

4.6 结构设计变化要点

① 结构制图可以在款式图 4-29 的制图 4-31 基础上变化得到，裤长不变 34cm，绘制如图 4-35 所示。

② 前裤片腰省量等量转移至烫迹线处，绘制如图 4-35 所示。

③ 前侧片单牙挖袋位置，绘制如图 4-36 所示。

④ 前、后裤片腰头部分绘制如图 4-36 所示。

⑤ 前裤片在臀围线处平行展开 8cm 作为褶裥量，绘制如图 4-37 所示。

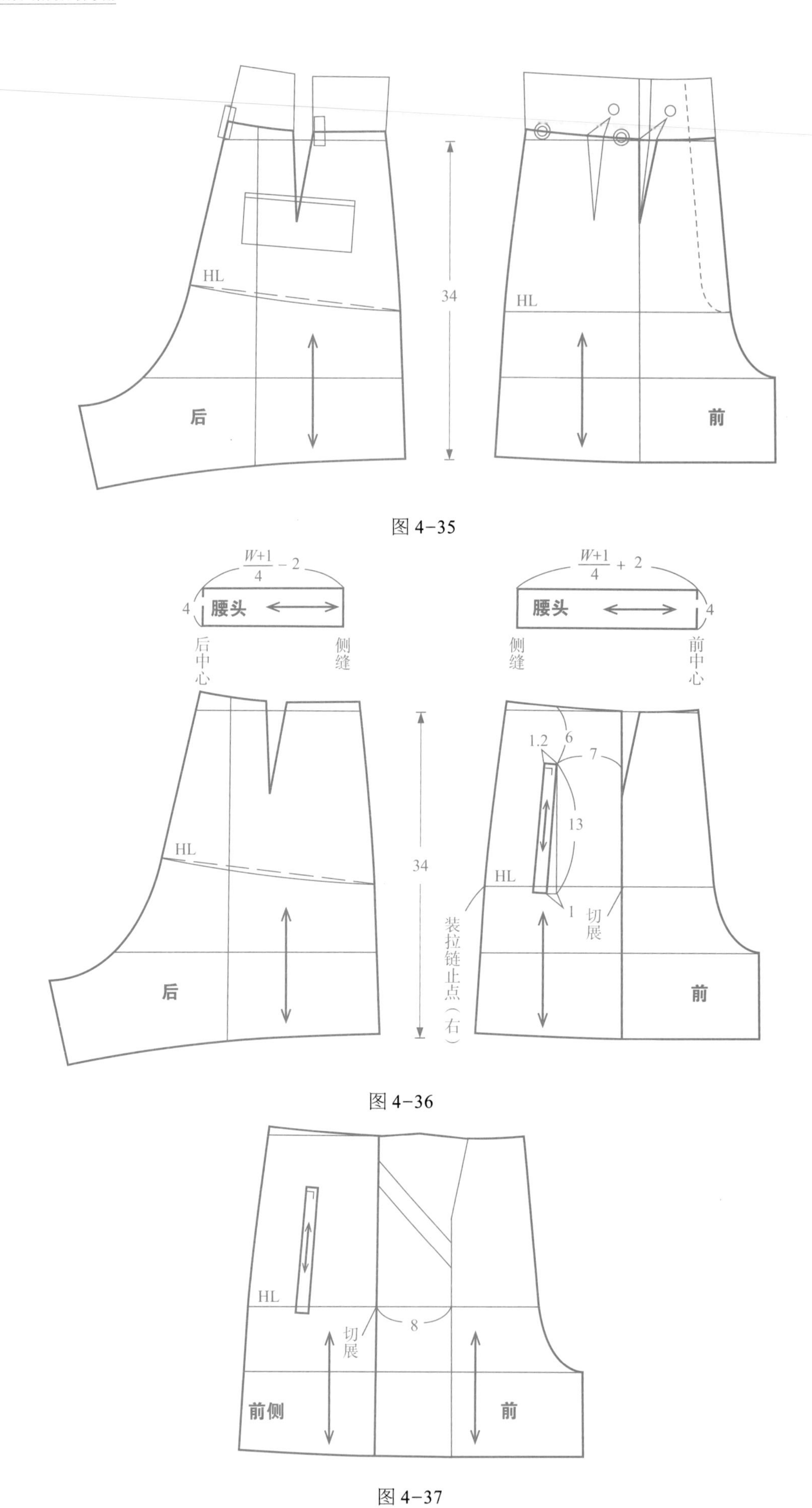
HL
34
HL
后
前
图 4-35
W+1
4
− 2
4
腰头
后中心
侧缝
W+1
4
+ 2
腰头
4
侧缝
前中心
HL
34
1.2
6
7
13
HL
1
切展
装拉链止点（右）
后
前
图 4-36
HL
切展
8
前侧
前
图 4-37

4.7 款式拓展要点分析三：中心装饰褶裥短裤

此款短裤前、后中心处有褶裥装饰设计，腰部育克结构。具有短裙的外观，实质为短裤，整体造型简洁且富于变化。侧缝处有口袋，后裤片中心处装有拉链（图4-38、图4-39）。具体规格尺寸设计见表4-10。

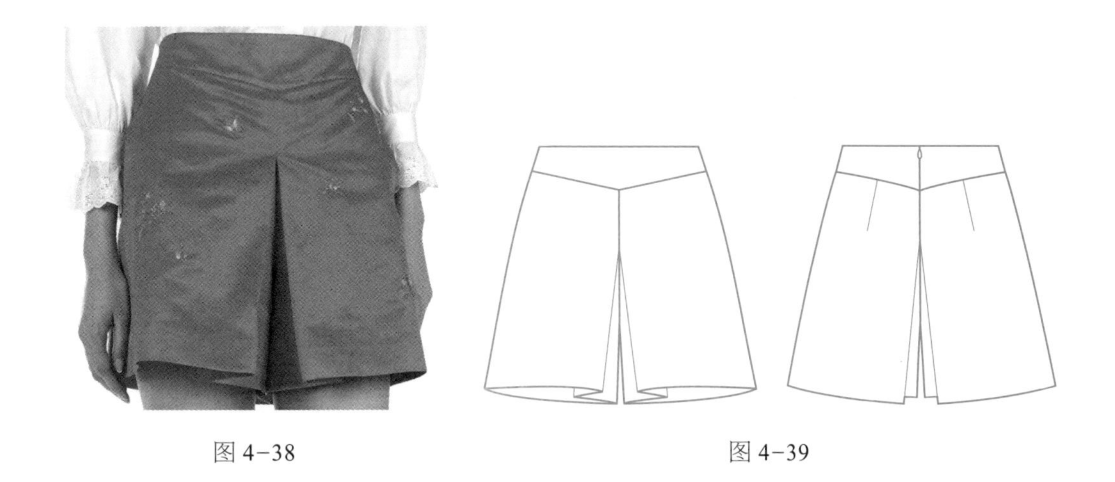

图4-38　　图4-39

表4-10　规格表　　单位：cm

号/型	部位	裤长	腰围（W）	臀围（H）	上裆长	腰长
160/68A	净体尺寸	91	68	90	25	18
	成品尺寸	36	69	—	25	18

4.8 结构制图要点

① 结构制图可以在款式图4-33的制图4-35基础上变化得到，前裤片腰省在原位，绘制如图4-40所示。

② 裤长加2cm，腰部育克结构绘制如图4-41所示。

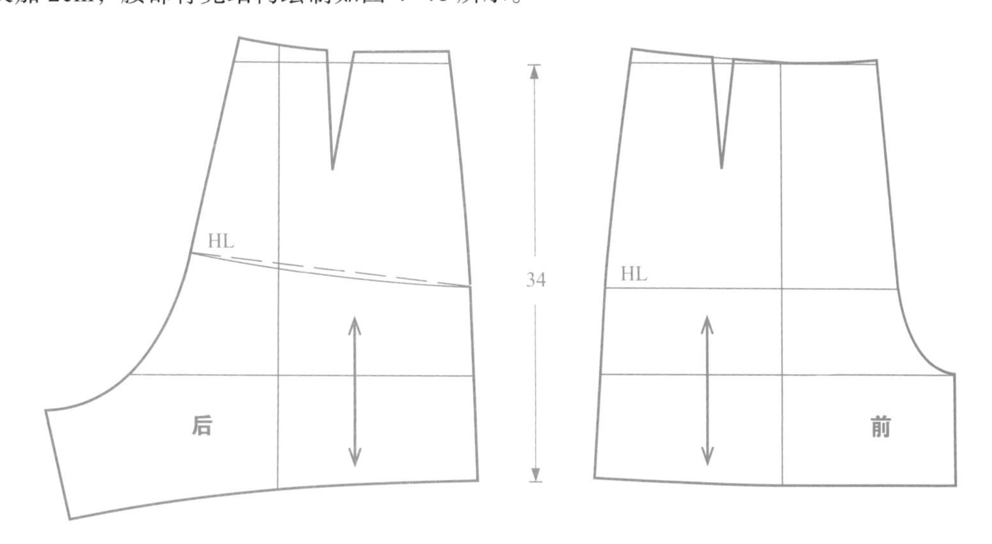

图4-40

③ 前腰省剩余量移至侧缝处，绘制如图 4-41 所示。

④ 前、后裤片分别在中心线处作切展线，绘制如图 4-41 所示。

⑤ 前裤片腰育克纸样拼合，并修正。臀围线处拉开 9cm，作为前中心处对褶量，修正裤口线，绘制如图 4-42 所示。

⑥ 后裤片腰育克纸样拼合，并修正。臀围线处拉开 9cm，作为后中心处对褶量，修正裤口线，绘制如图 4-43 所示。

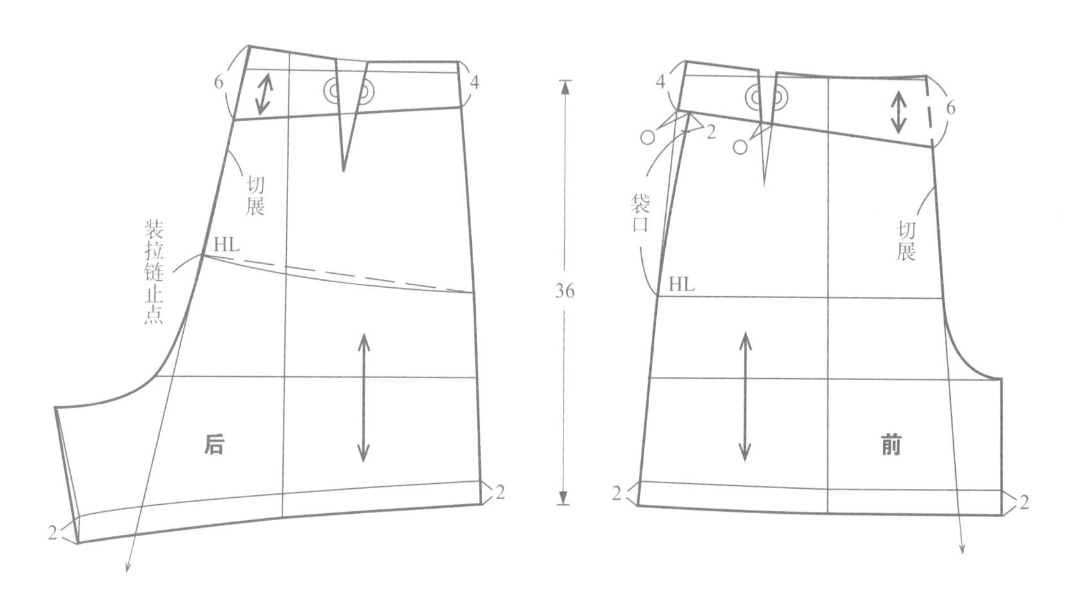

图 4-41

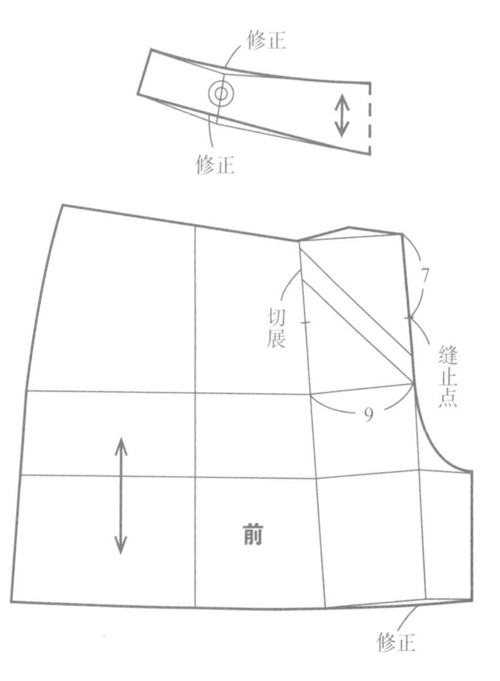

图 4-42

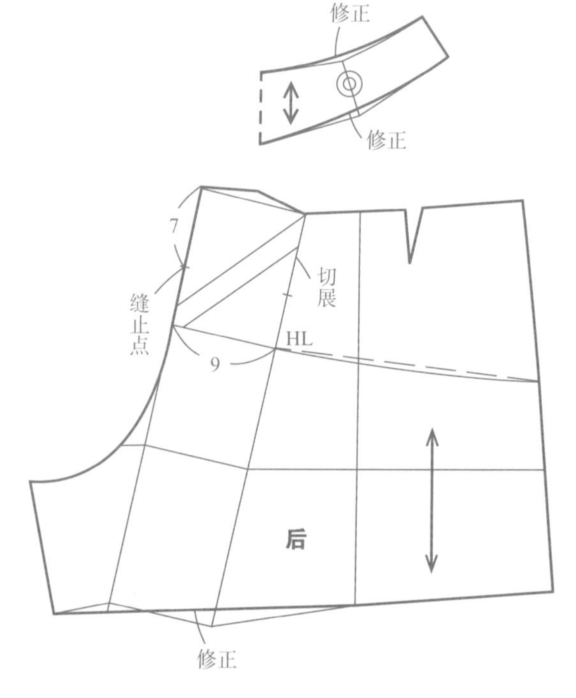

图 4-43

5. 时尚款裤型变化案例五：装饰褶裥九分裤

5.1 款式特点分析

此款裤型腰部稍下落，腰臀部较合体。前裤片有一大对褶裥装饰，裤腿部造型较宽松，裤长稍短为九分裤。侧缝处有插袋，后裤片右侧有一双牙挖袋（图 4-44、图 4-45）。具体规格尺寸设计见表 4-11。

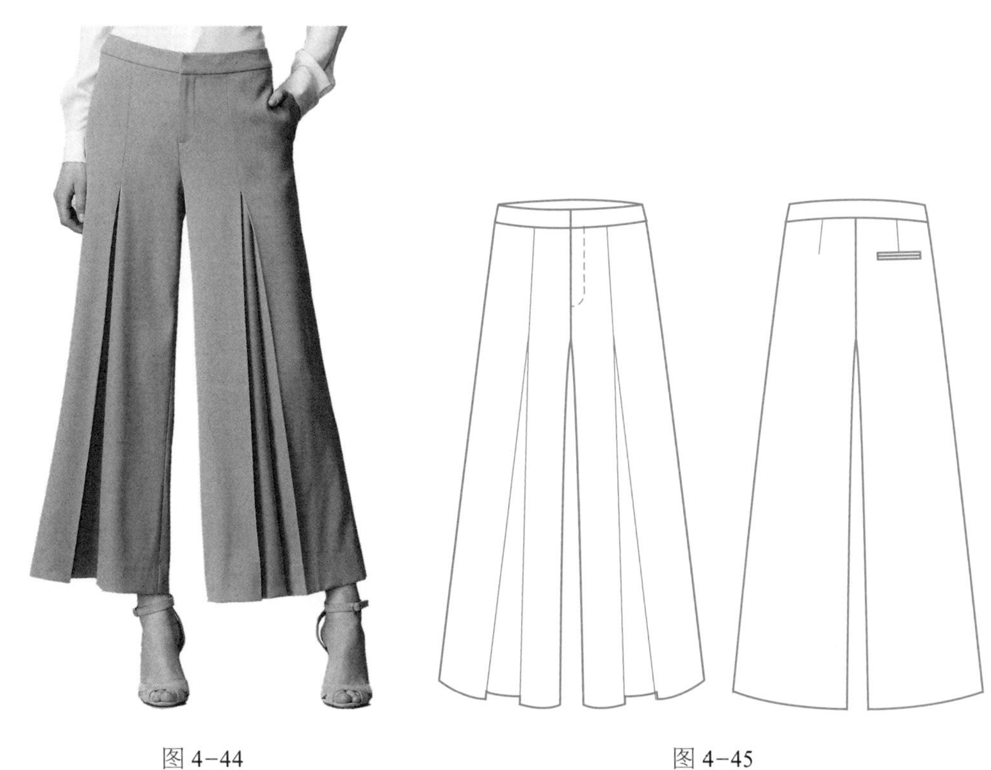

图 4-44　　图 4-45

表 4-11　规格表　　单位：cm

号 / 型	部位	裤长	腰围（*W*）	臀围（*H*）	上裆长	腰长	腰头宽
160/68A	净体尺寸	91	68	90	25	18	—
	成品尺寸	88	—	94	25	18	3.5

5.2 结构制图要点

① 制图步骤与基础裤（图 2-2）的制图步骤基本相同。裤长取 91cm-3cm，3cm 为基本裤长的缩短量，绘制如图 4-46 所示。

② 前裤片腰省量依款式造型移到烫迹线处，绘制如图 4-46 所示。

③ 前裤片烫迹线处展开褶裥量，缝合止点在横裆线下 1cm，绘制如图 4-47 所示。

④ 前、后腰头纸样拼合，绘制如图 4-48 所示。

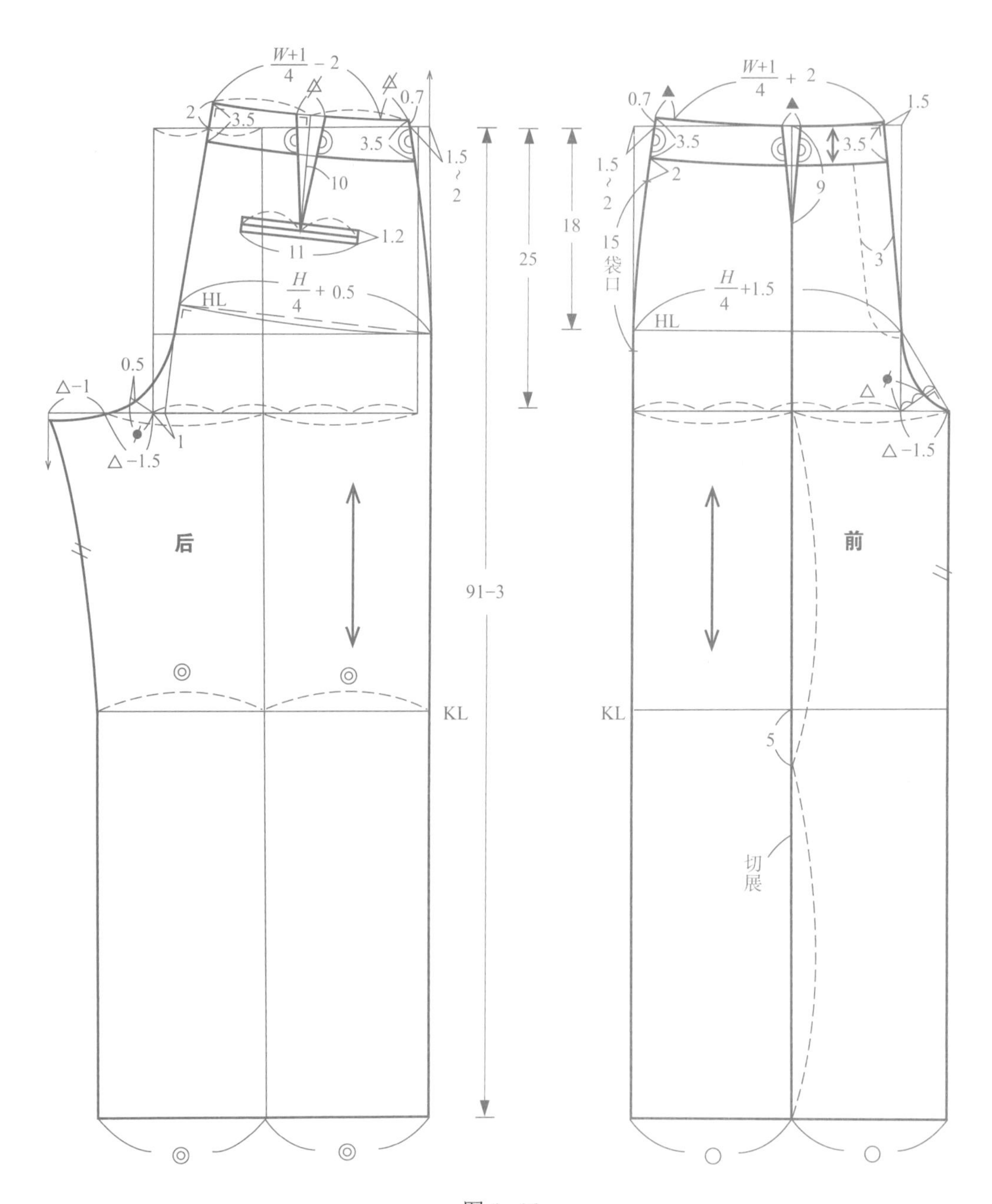

W+1/4 − 2
2
3.5
3.5
0.7
1.5~2
10
1.2
11
H/4 + 0.5
HL
0.5
△−1
1
△−1.5
后
25
91−3
KL
W+1/4 + 2
0.7
1.5
3.5
3.5
1.5~2
2
9
18
15袋口
3
H/4 +1.5
HL
△
△−1.5
前
KL
5
切展

图 4−46

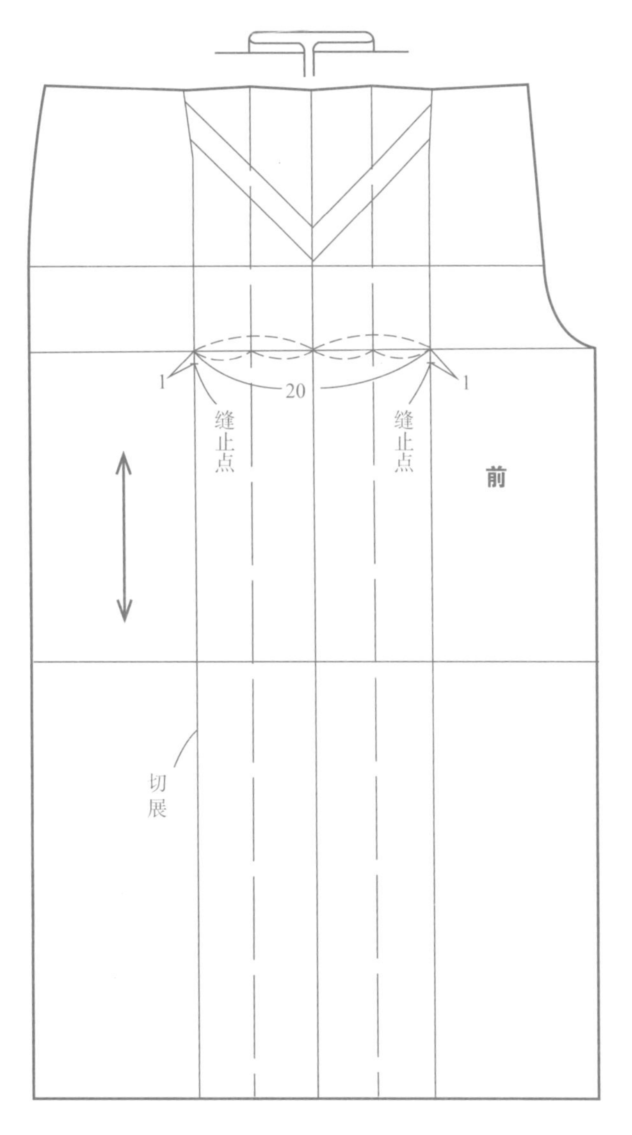

图 4-47

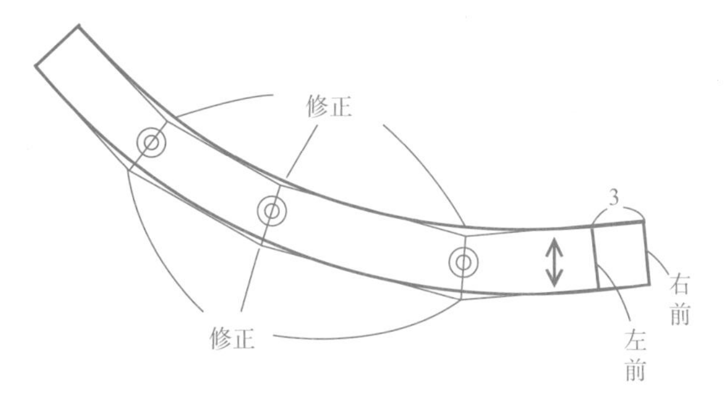

图 4-48

5.3 款式拓展要点分析一：装饰褶裥喇叭裤

此款式裤腰、臀及裆部合体，腰部稍下落，前门襟开口处装有明拉链装饰。前、后裤片烫迹线处有对褶裥设计，后裤片对褶裥缝止点低于前裤片。前裤片侧缝处有斜插袋，后裤片有两个单牙挖袋结构（图 4-49、图 4-50）。具体规格尺寸设计见表 4-12。

图 4-49

图 4-50

表 4-12 规格表 单位：cm

号 / 型	部位	裤长	腰围（W）	臀围（H）	上裆长	腰长	腰头宽
160/68A	净体尺寸	91	68	90	25	18	—
	成品尺寸	100	68	92	24	18	4

5.4 结构制图要点

① 制图步骤与基础裤（图 2-2）的制图步骤基本相同。裤长取 91cm+9cm，9cm 为基本裤长的增加量，绘制如图 4-51 所示。

② 后裤片单牙挖袋，袋口以省尖为中心宽 11cm，绘制如图 4-51 所示。

③ 前裤片在横裆线处平行展开 20cm，作为对褶量，缉线缝至横裆线下 3cm 处，绘制如图 4-52 所示。

④ 前腰省量依款式造型，移到对褶量处，绘制如图 4-52 所示。

⑤ 后裤片在横裆线处平行展开 20cm，作为对褶量，绘制如图 4-53 所示。

⑥ 前、后腰头纸样拼合，并修正，绘制如图 4-54 所示。

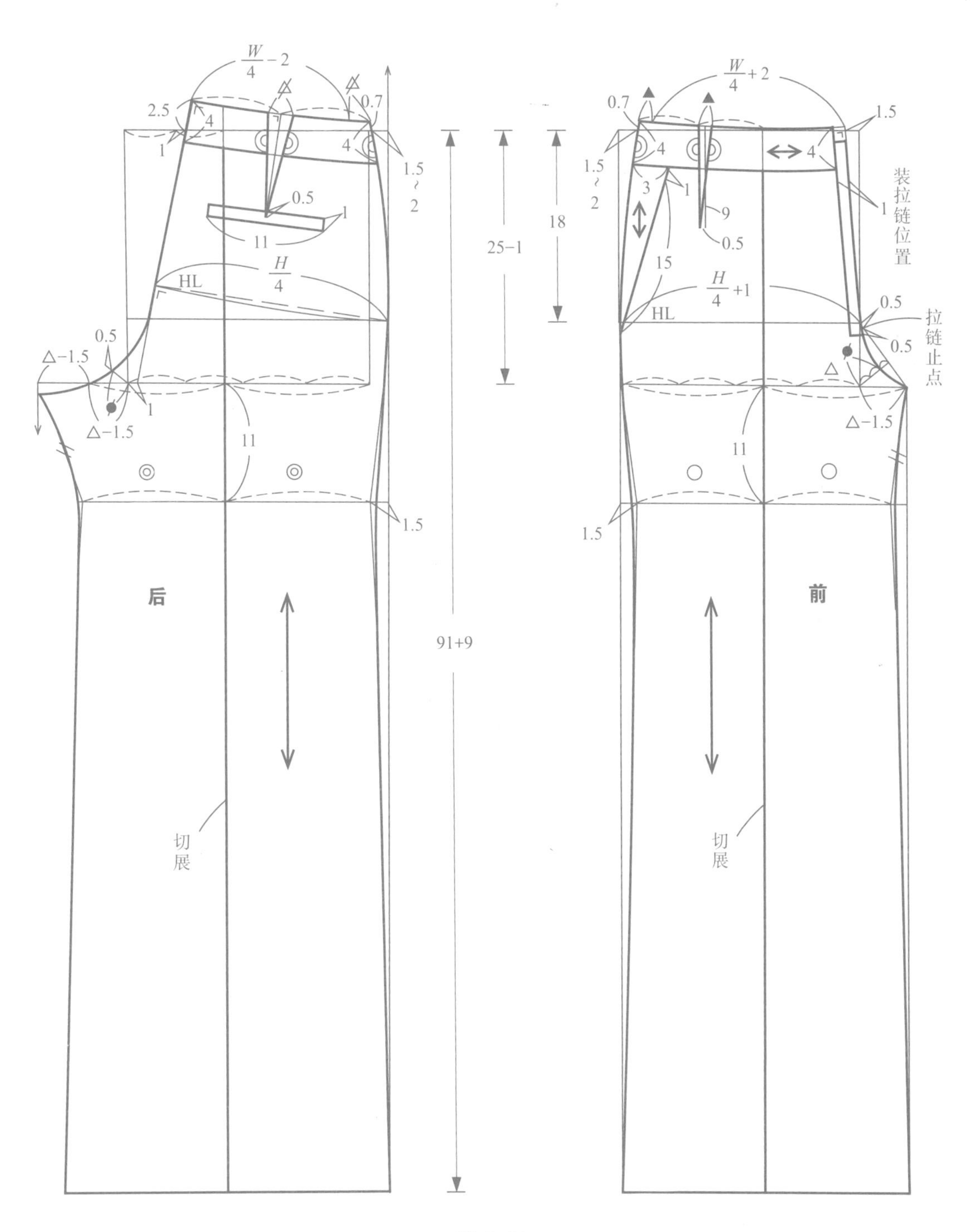

图 4-51

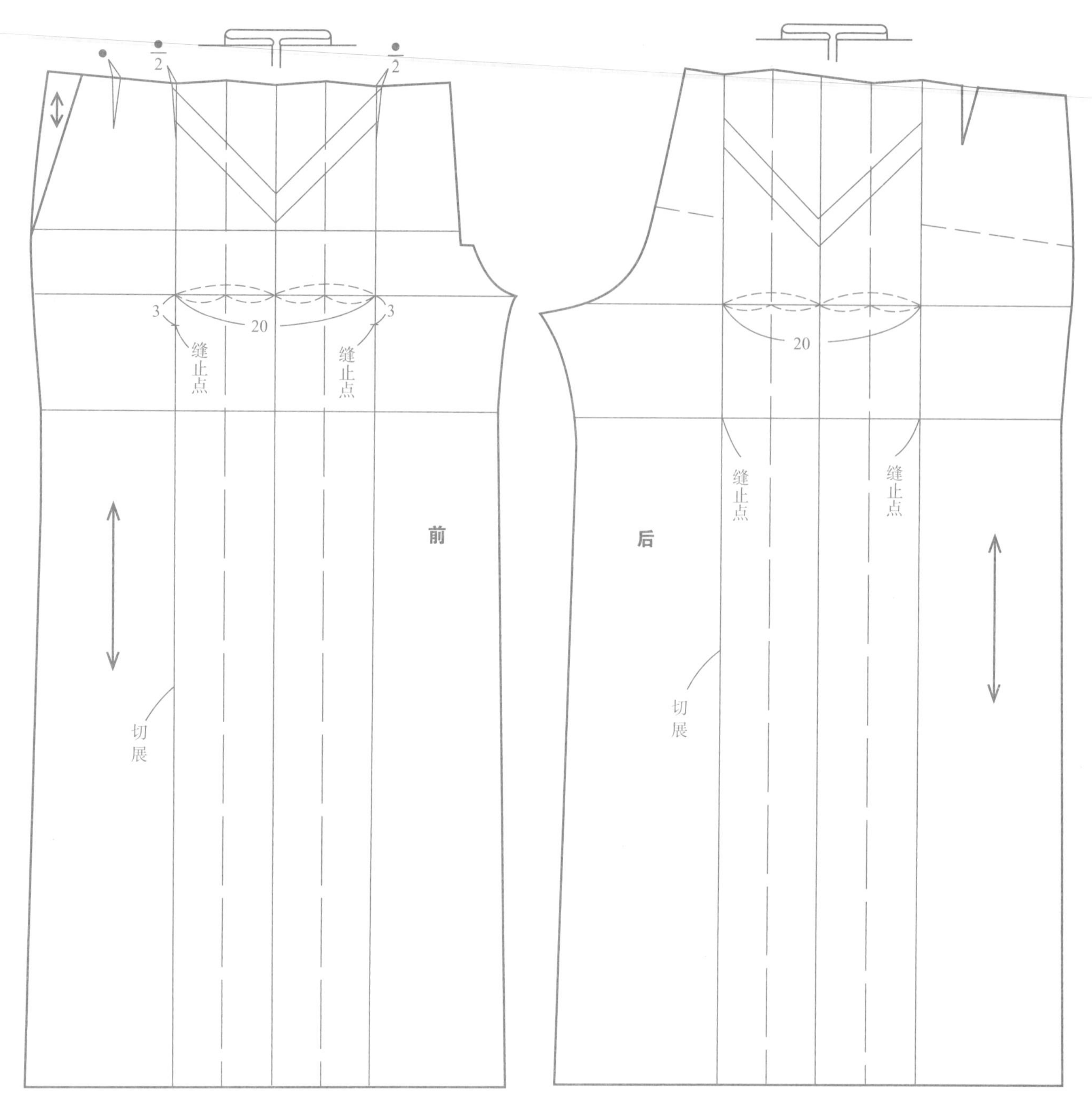

图 4-52

图 4-53

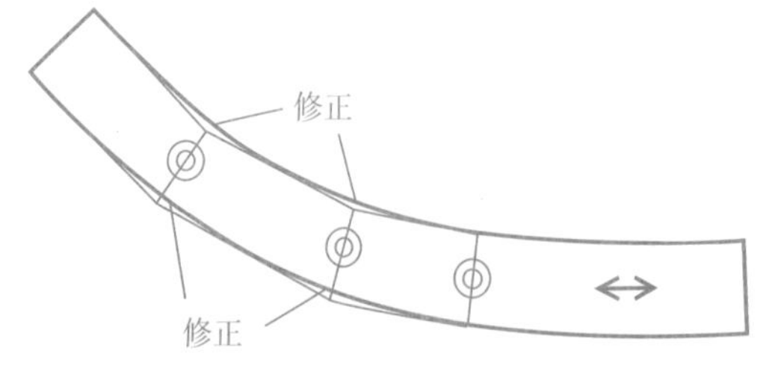

图 4-54

5.5 款式拓展要点分析二：装饰褶裥连腰裤

此款式裤为裤长及膝的连腰裤。裤腿宽松，裤口呈喇叭状，前裤片褶裥上部以系带固定并起装饰作用，后中心处隐形拉链开口（图 4-55、图 4-56）。具体规格尺寸设计见表 4-13。

图 4-55

图 4-56

表 4-13　规格表　　单位：cm

号 / 型	部位	裤长	腰围（*W*）	臀围（*H*）	上裆长	腰长	腰头宽
160/68A	净体尺寸	91	68	90	25	18	—
	成品尺寸	61	69	—	25	18	3

5.6 结构设计变化要点

① 结构制图可以在基础裤（图 2-2）的制图 2-6 的基础上变化得到，裤长 58cm，绘制如图 4-57 所示。

② 前、后裤片分别闭合部分腰省，做切展，绘制如图 4-58 所示。

③ 前腰省量剩余部分，分别在前中心和侧缝处去除。后中心线外扩 1cm，多出的量在腰省两侧去除，绘制如图 4-58 所示。

④ 绘制前、后裤片连腰部分，绘制如图 4-59 所示。

⑤ 前裤片在横裆线处平行展开 16cm，作为对褶量，绘制如图 4-60 所示。

⑥ 对褶上部有穿带金属圆孔，每个间距 3.5cm，绘制如图 4-60 所示。

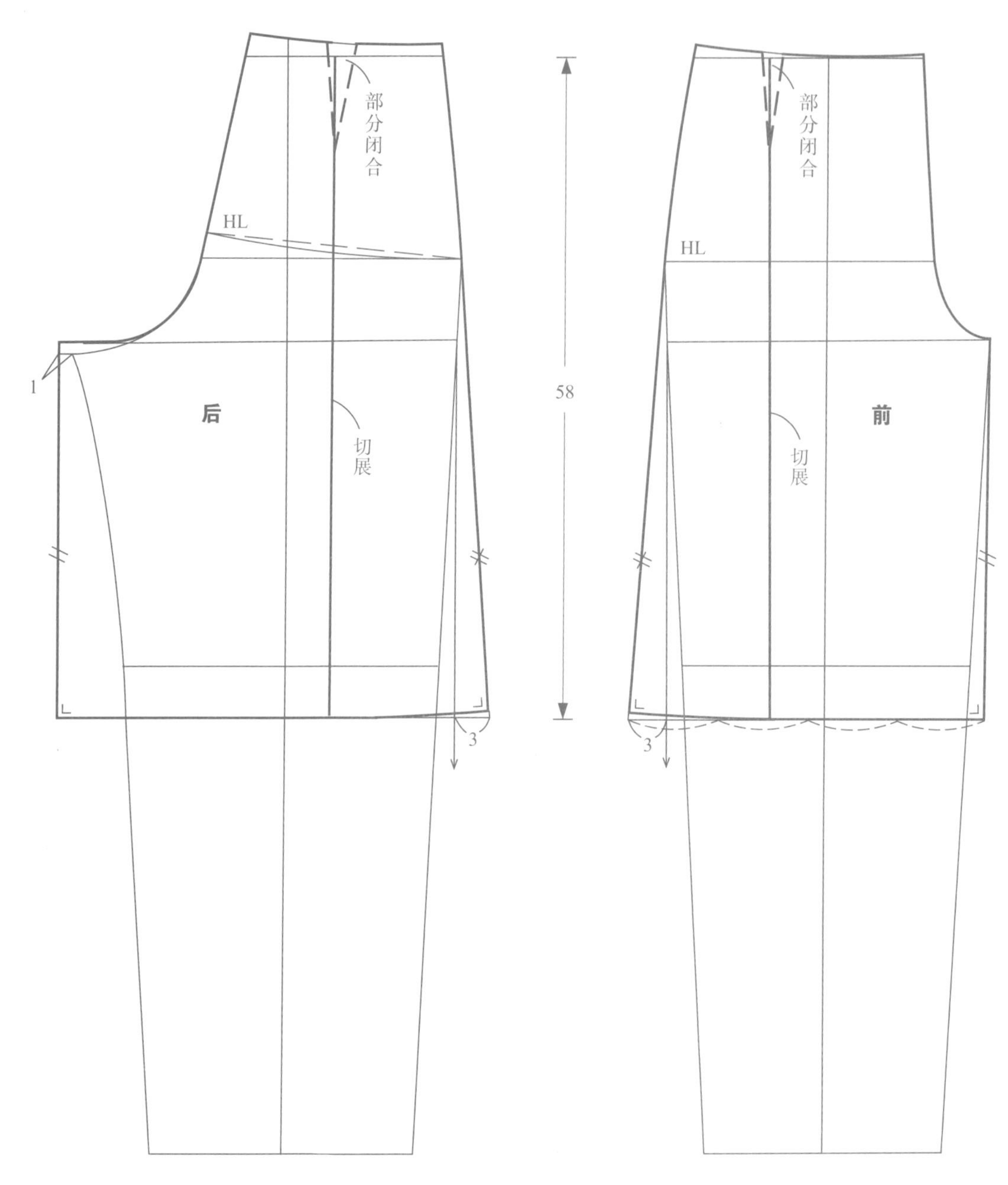

图 4-57

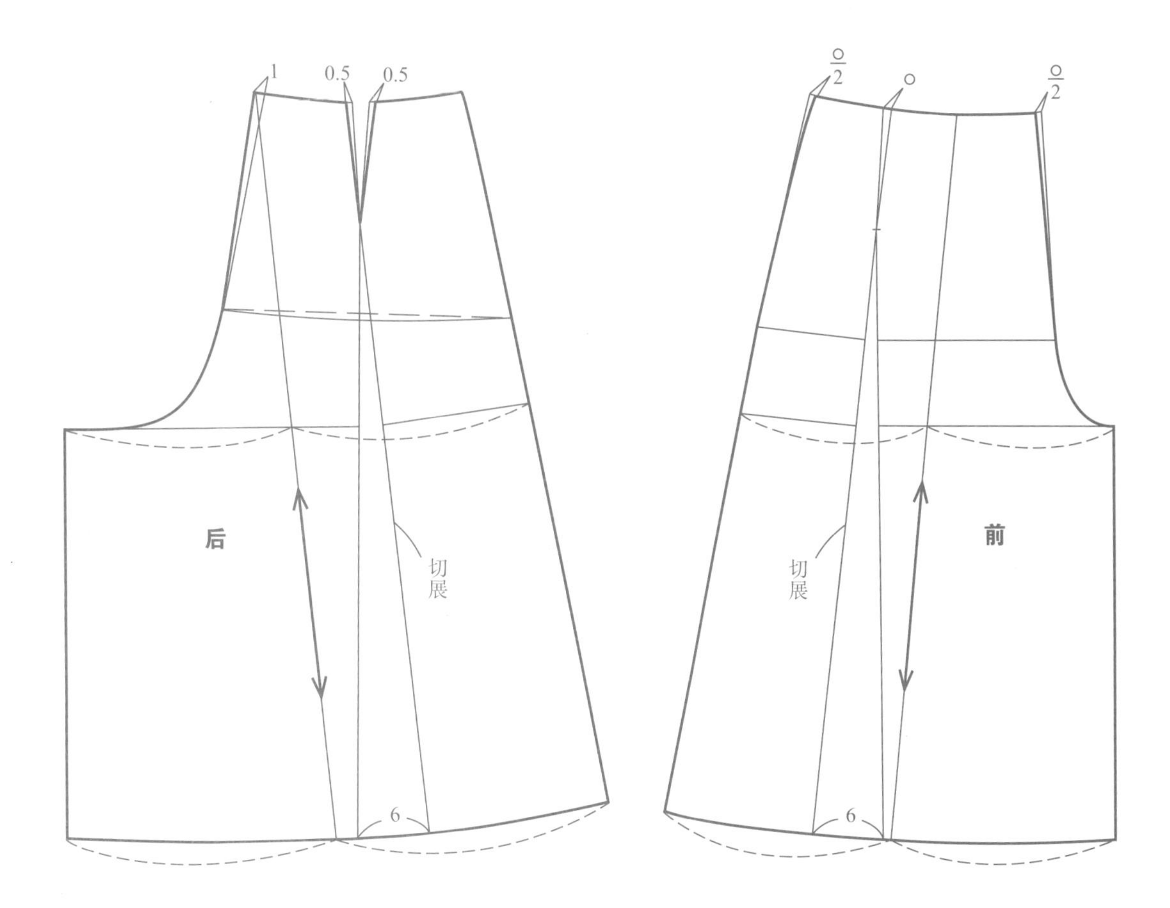

图 4-58

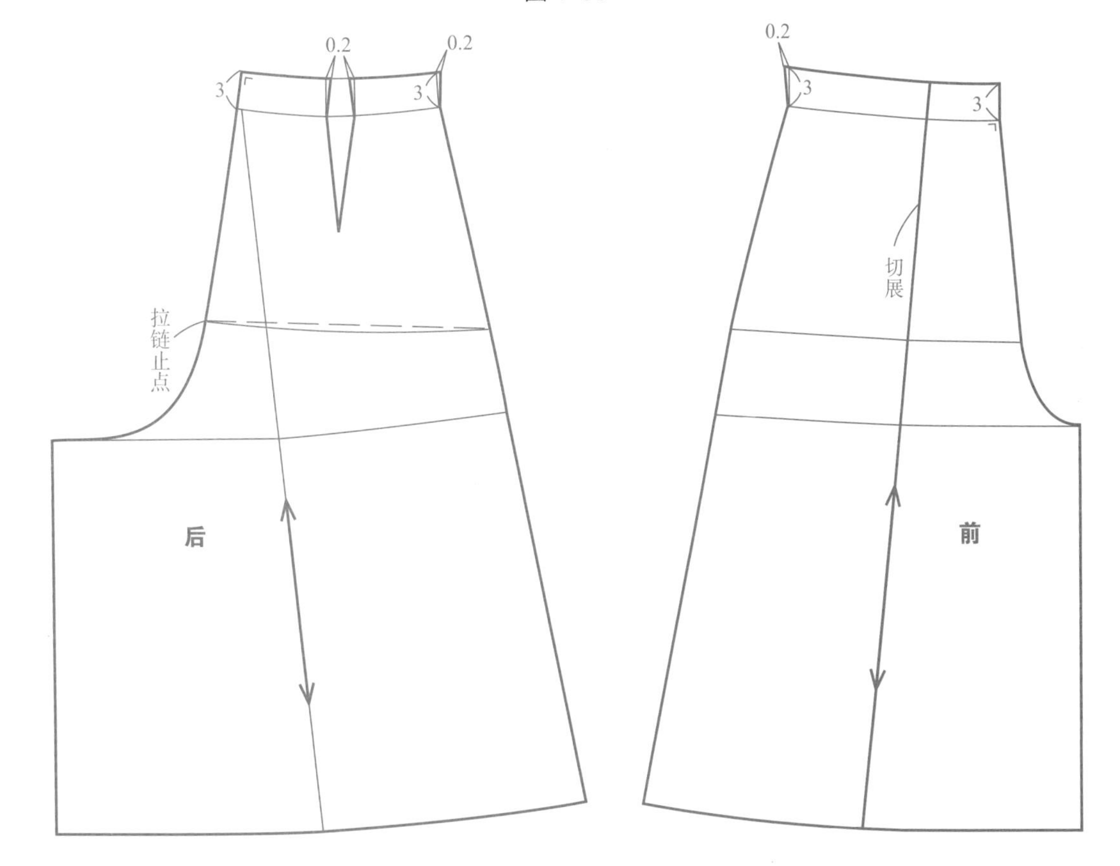

图 4-59

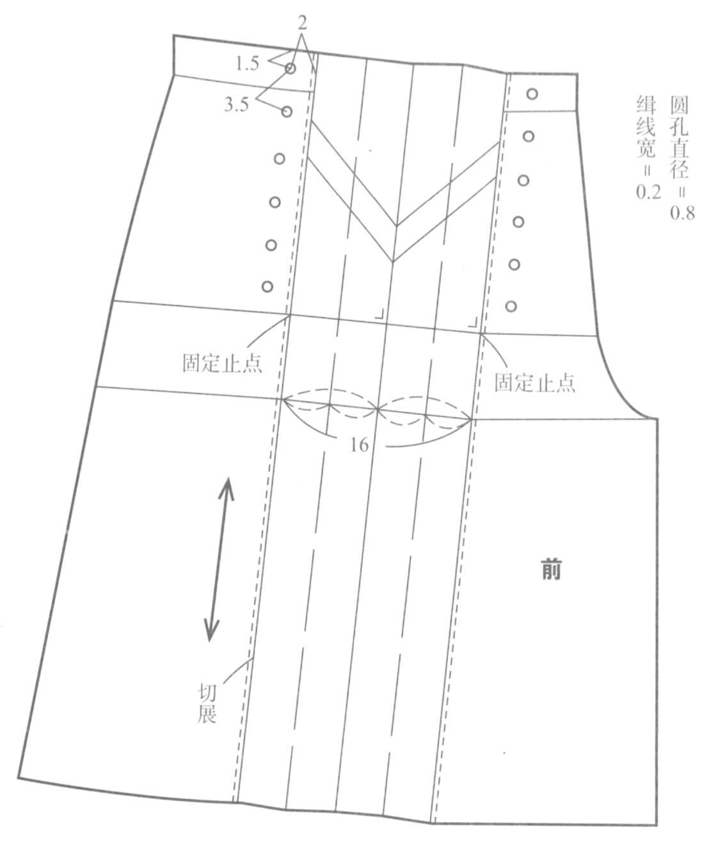

图 4-60

5.7 款式拓展要点分析三：侧缝装饰褶裥裤

此款式裤腰、臀部松量适度，侧缝处有装饰褶裥设计，整体造型简洁干练且富于变化，前裤片有侧缝斜插袋，后裤片有两个双牙挖袋结构（图 4-61、图 4-62）。具体规格尺寸设计见表 4-14。

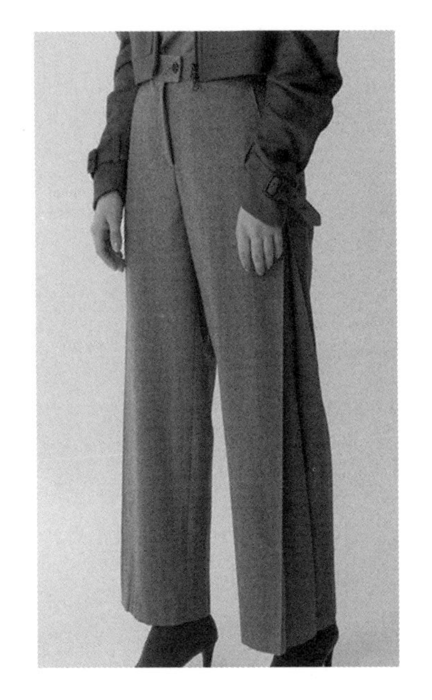

图 4-61

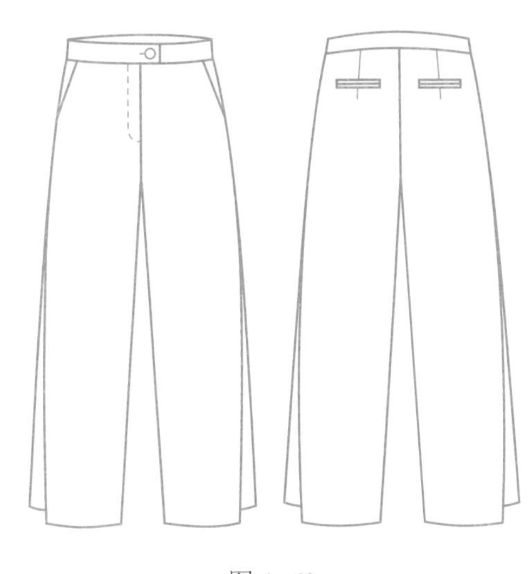

图 4-62

表 4-14 规格表 单位：cm

号 / 型	部位	裤长	腰围（W）	臀围（H）	上裆长	腰长	腰头宽
160/68A	净体尺寸	91	68	90	25	18	—
	成品尺寸	96	69	95	25	18	4.5

5.8 结构制图要点

① 结构制图可以在基础裤（图 2-2）的结构制图 2-6 基础上变化得到，裤长 91cm+0.5cm，也可以在基础图上减 4.5cm 得到，绘制如图 4-63 所示。

② 前腰省依款式造型，移到侧缝斜插袋处，绘制如图 4-63 所示。

③ 前、后裤片在臀围线处平行展开 20cm，作为侧缝处对褶量，缉线缝至臀围线处。绘制如图 4-63 所示。

④ 后裤片双牙挖袋绘制如图 4-63 所示。

⑤ 插袋垫绘制如图 4-64 所示。

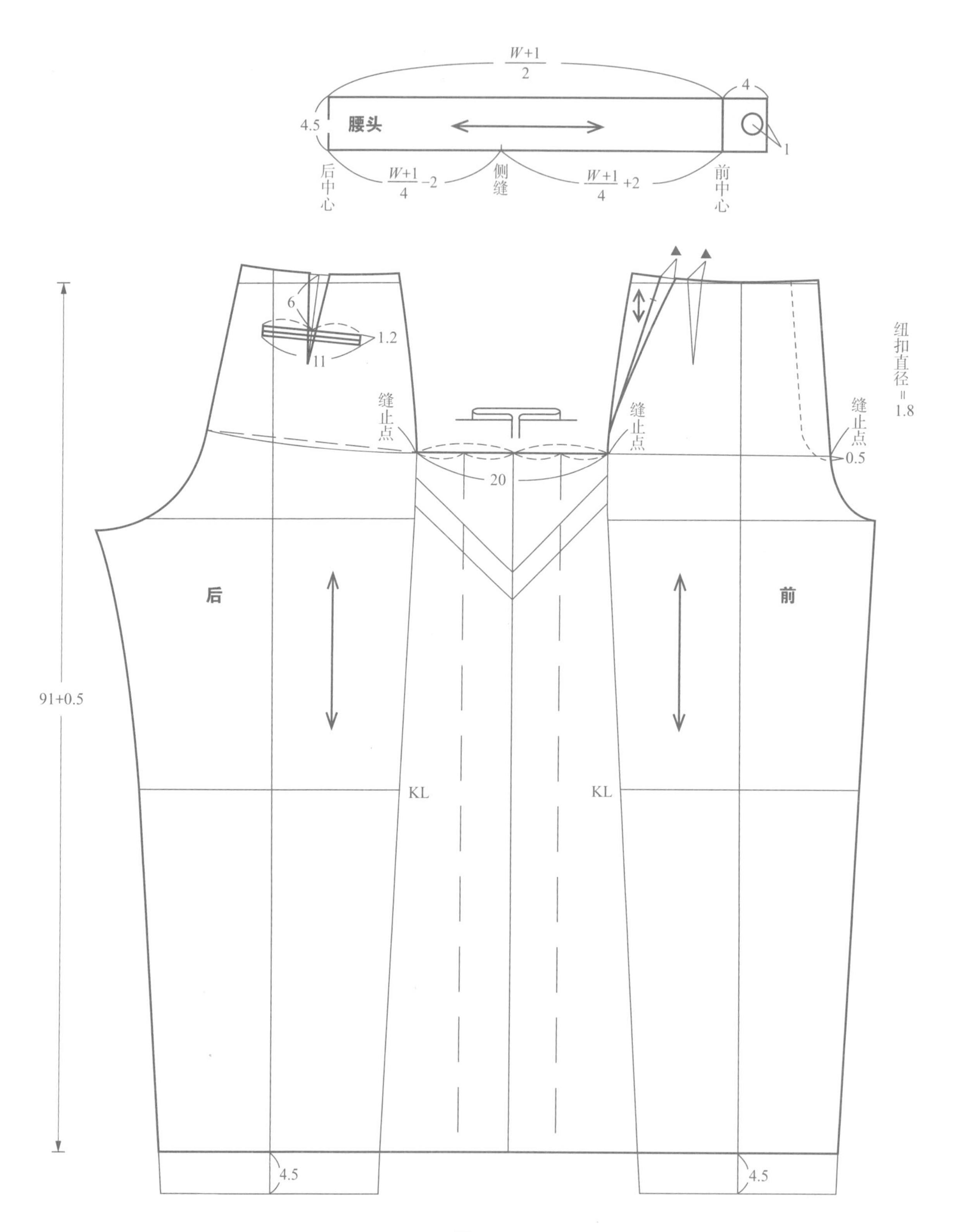

W+1
2
4
4.5
腰头
1
后中心
W+1
4
-2
侧缝
W+1
4
+2
前中心
6
1.2
11
缝止点
20
缝止点
缝止点
0.5
组扣直径=1.8
后
前
91+0.5
KL
KL
4.5
4.5

图 4-63

5.9 款式拓展要点分析四：侧缝装饰褶裥短裤

此款式短裤与图 4-61 款式的结构特点相同，都是侧缝处有褶裥造型设计，只是褶量和熨烫定型的方式不同。此外，短裤制图时后裆下落量要比长裤大，是为保证下裆线与裤口线呈直角，下裆合缝线平服（图 4-65、图 4-66）。具体规格尺寸设计见表 4-15。

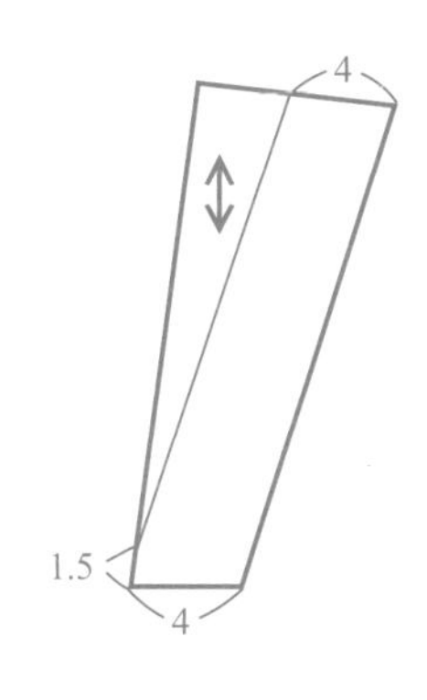

图 4-64

表 4-15 规格表　　单位：cm

号 / 型	部位	裤长	腰围（W）	臀围（H）	上裆长	腰长	腰头宽
160/68A	净体尺寸	91	68	90	25	18	—
	成品尺寸	43	69	94	25	18	4

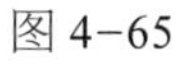

图 4-65

图 4-66

5.10 结构设计变化要点

① 变化前的基础裤型绘制如图 4-67 所示，裤长 39cm，后裆下落量为 2.5cm。

② 前腰省依款式造型，移到侧缝斜插袋处，绘制如图 4-67 所示。

③ 后裤片左侧一个单牙挖袋，绘制如图 4-67 所示。

④ 前后裤片在臀围线处平行展开 12cm，作为侧缝处褶裥量，缉线缝至臀围处。绘制如图 4-68 所示。

⑤ 插袋垫绘制如图 4-69 所示。

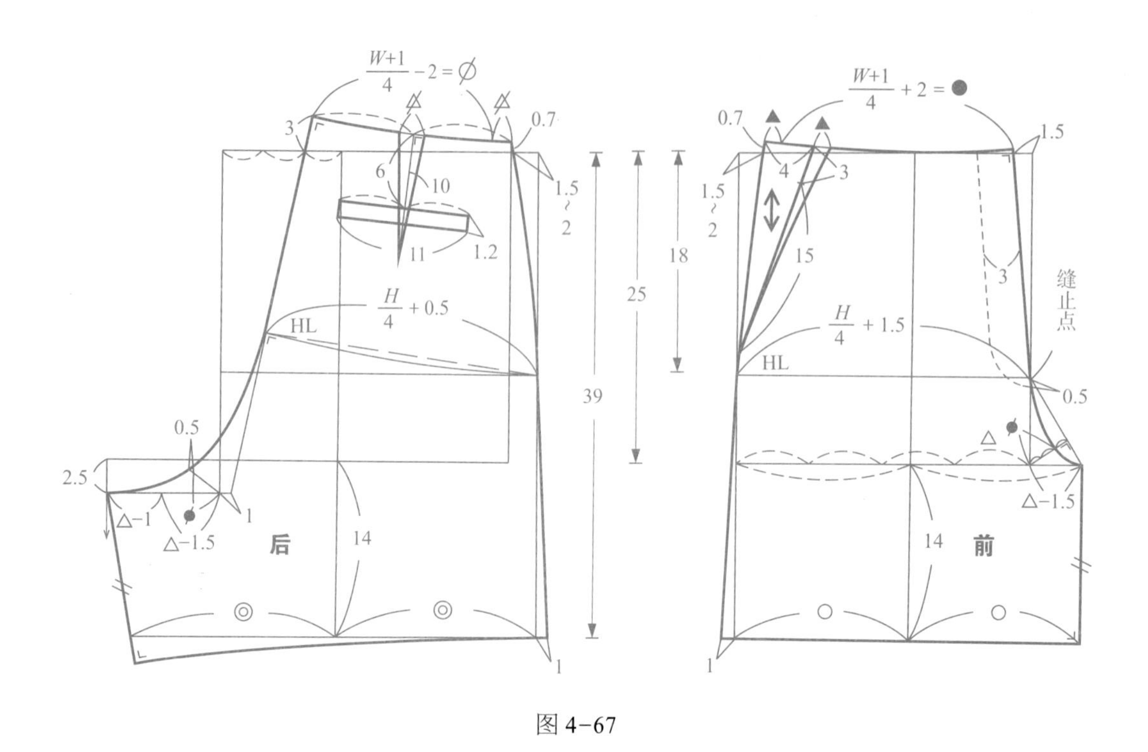

图 4-67

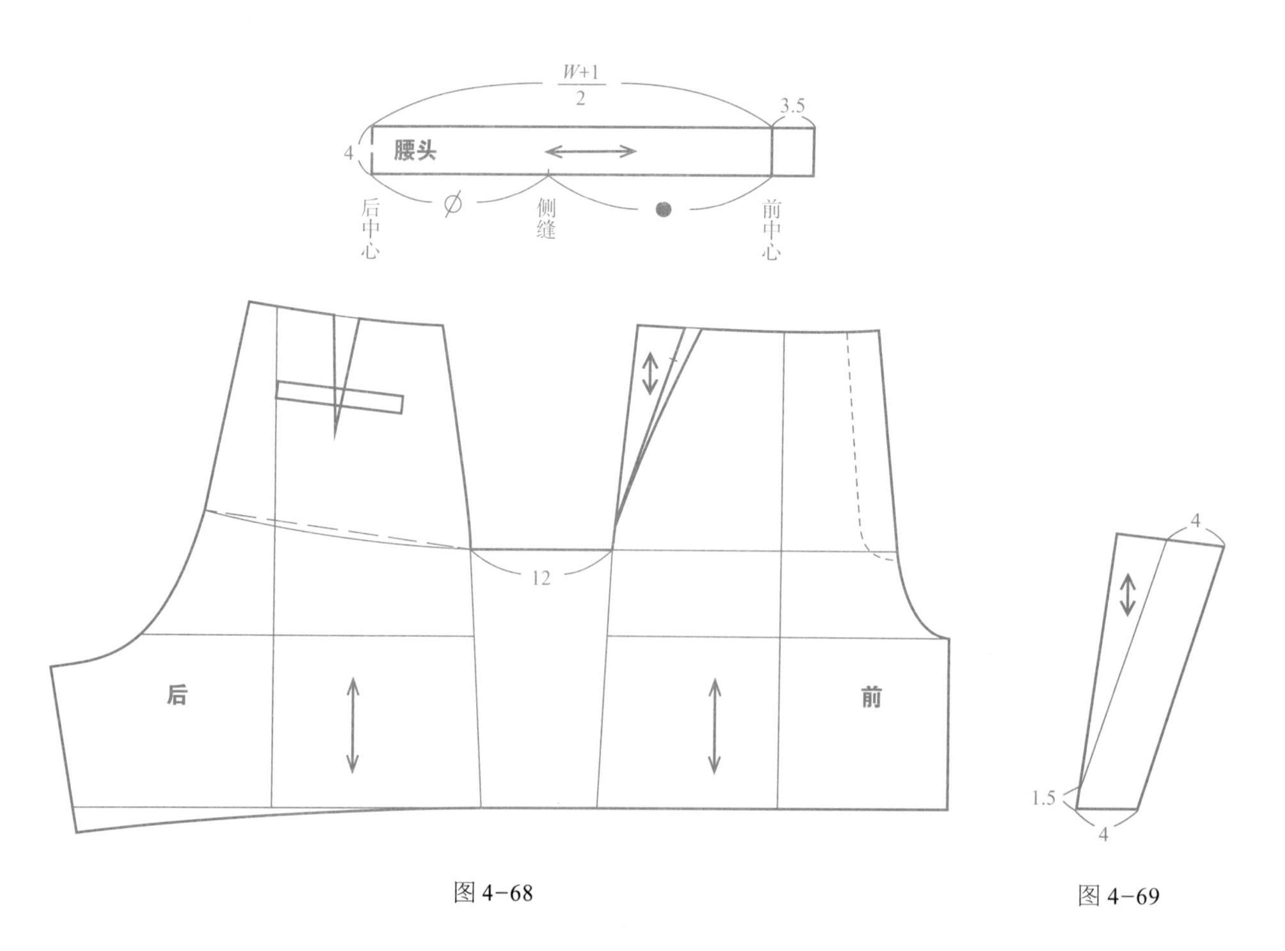

图 4-68

图 4-69

6. 时尚款裤型变化案例六：前开口分片休闲裤

6.1 款式特点分析

此款裤型前裤片分为两片结构，形成开口造型。腰部松紧带结构，侧缝处斜插袋，整体造型轻松随意（图 4-70、图 4-71）。具体规格尺寸设计见表 4-16。

图 4-70

图 4-71

表 4-16 规格表　　单位：cm

号 / 型	部位	裤长	腰围（W）	臀围（H）	上裆长	腰长	腰头宽
160/68A	净体尺寸	91	68	90	25	18	—
	成品尺寸	96	69	95	25	18	3

6.2 结构制图要点

① 结构制图可以在基础裤（图 2-2）的结构制图 2-6 的基础上变化得到，裤长 91cm+5cm，绘制如图 4-72 所示。

② 前、后裤片腰部结构以水平线为基础重新绘制，绘制如图 4-72 所示。

③ 后裤片裆部结构在基础裤结构图基础上重新绘制，前、后裤片下裆弧线修正等长，绘制如图 4-72

所示。

④ 前、后裤片腰部加连裁量 3cm，腰头内装长度 69cm 的松紧带，绘制如图 4–73 所示。

⑤ 前裤片分割线绘制如图 4–73 所示。

⑥ 前裤片分割后，左右片轮廓线绘制如图 4–74 所示。

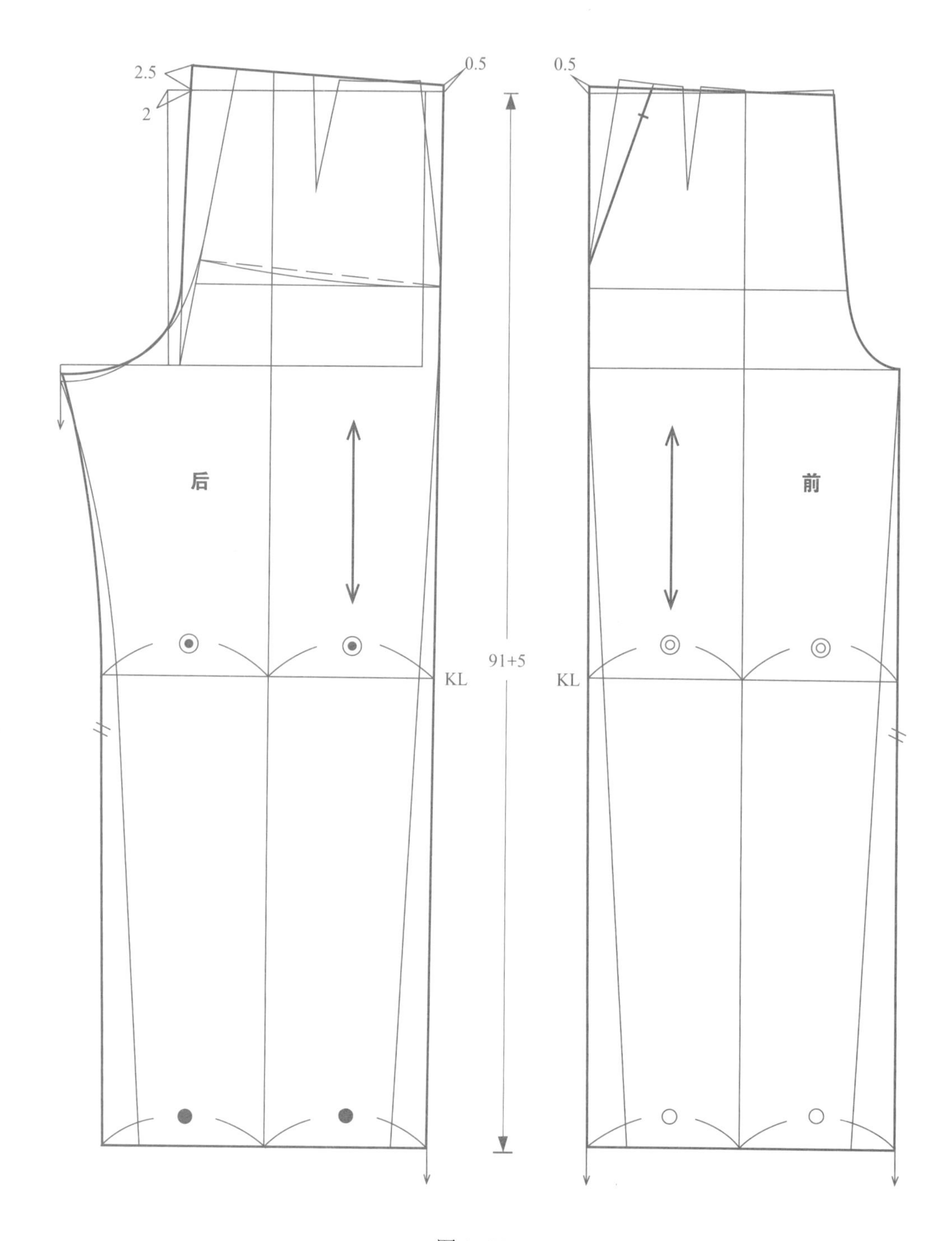

图 4–72

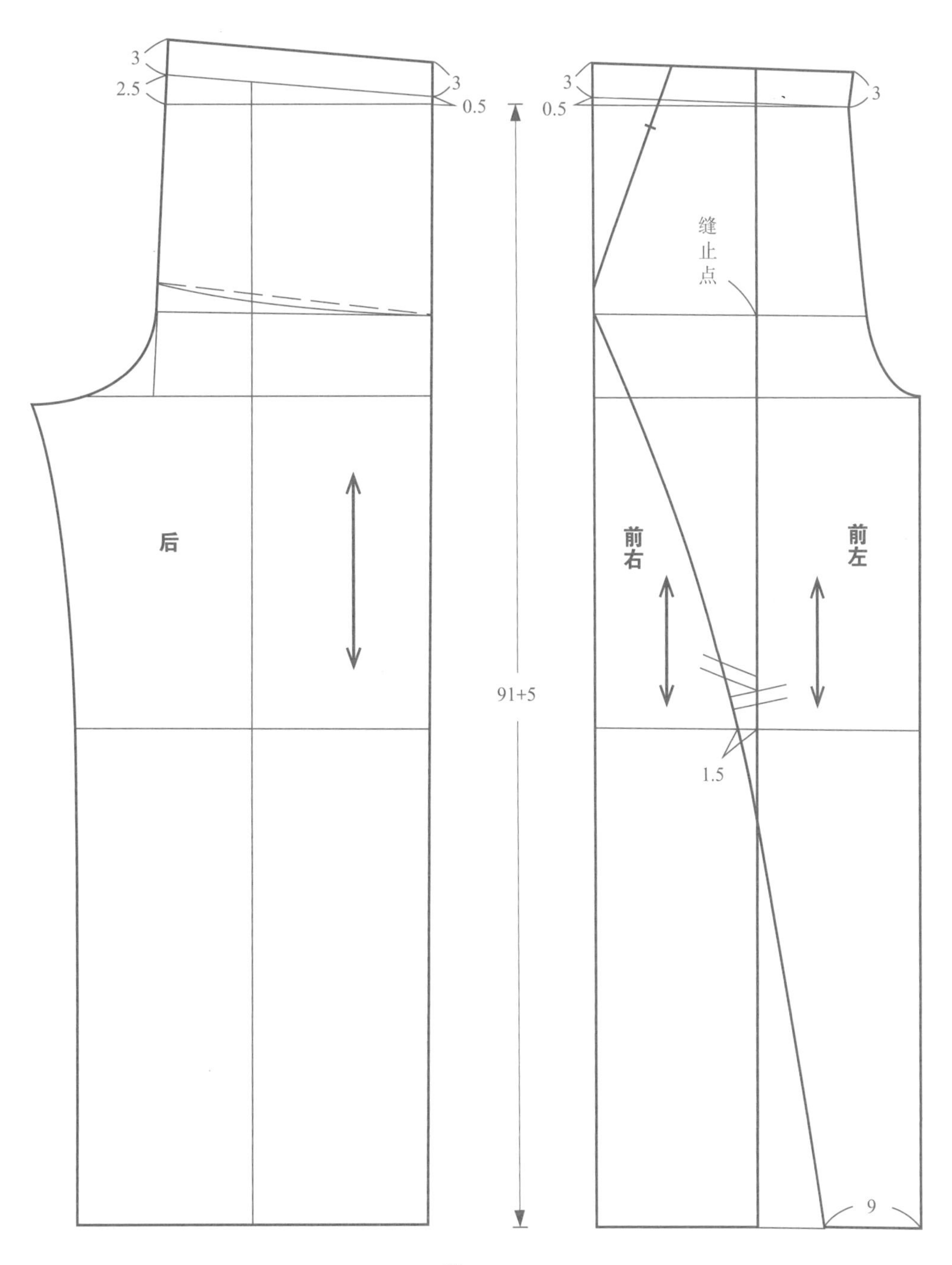

图 4-73

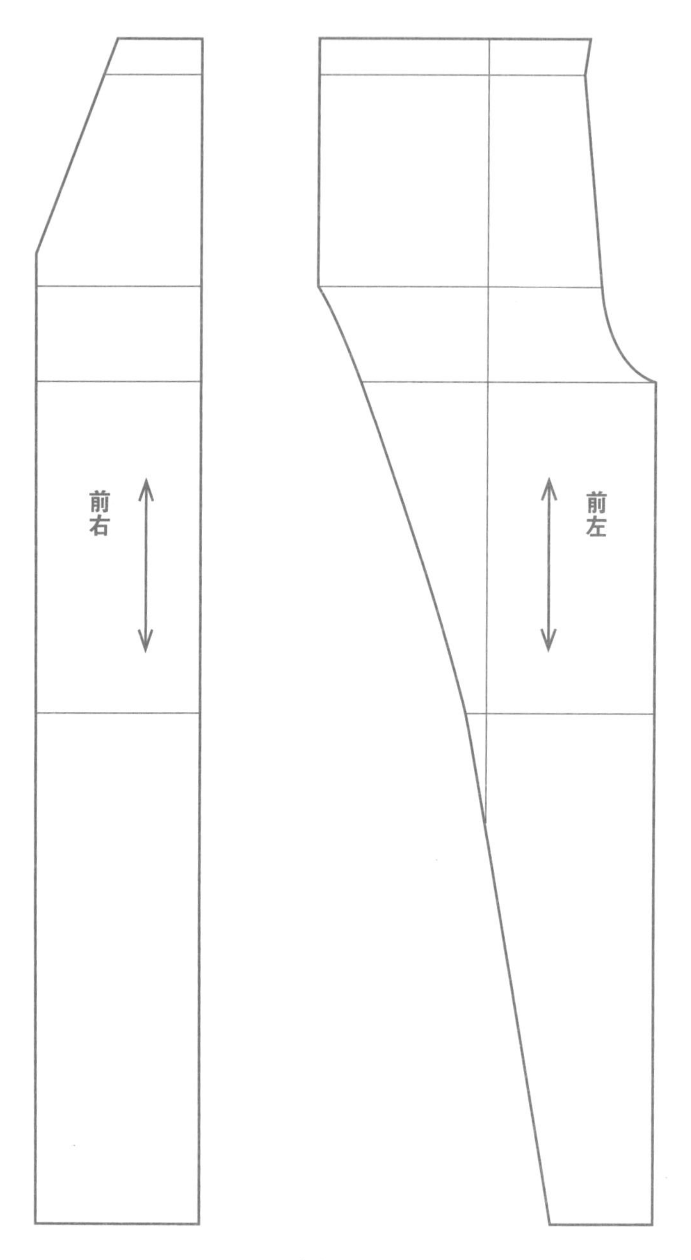

图 4-74

6.3 款式拓展要点分析一：前开口一片休闲裤

此款裤型同图 4-70 款造型相似，前裤片有开口造型，腰部以松紧带固定。不同的是，此款裤前、后片为一片结构，面料选用更加轻薄且垂感较好的针织类（图 4-75、图 4-76）。具体规格尺寸设计见表 4-17。

图 4-75

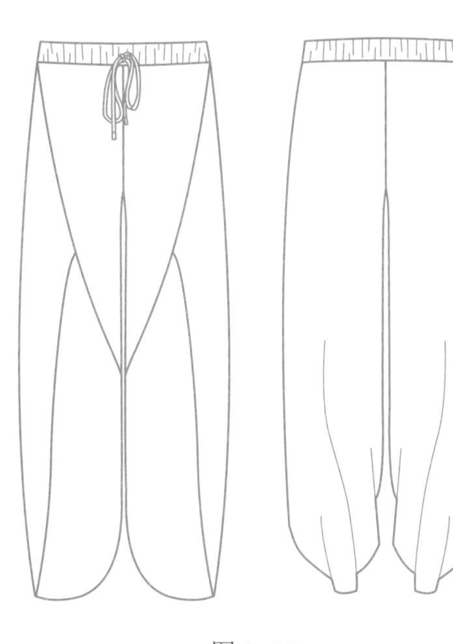

图 4-76

表 4-17　规格表　　单位：cm

号 / 型	部位	裤长	腰围（W）	臀围（H）	上裆长	腰长	腰头宽
160/68A	净体尺寸	91	68	90	25	18	—
	成品尺寸	96	69	95	25	18	4

6.4 结构制图要点

① 结构制图可以在款式图 4-70 的结构制图 4-73 基础上变化得到，裤长 91cm+5cm，绘制如图 4-77 所示。

② 前、后裤片腰部加连裁量 4cm，腰头内装长度 69cm 的松紧带，绘制如图 4-77 所示。

③ 前、后裤片下裆线修正等长，绘制如图 4-77 所示。

④ 在侧缝处合并前、后裤片，绘制如图 4-78 所示。

⑤ 前、后裤片造型分割线绘制如图 4-78 所示。

⑥ 在下裆线处合并前后裤片，绘制如图 4-79 所示。

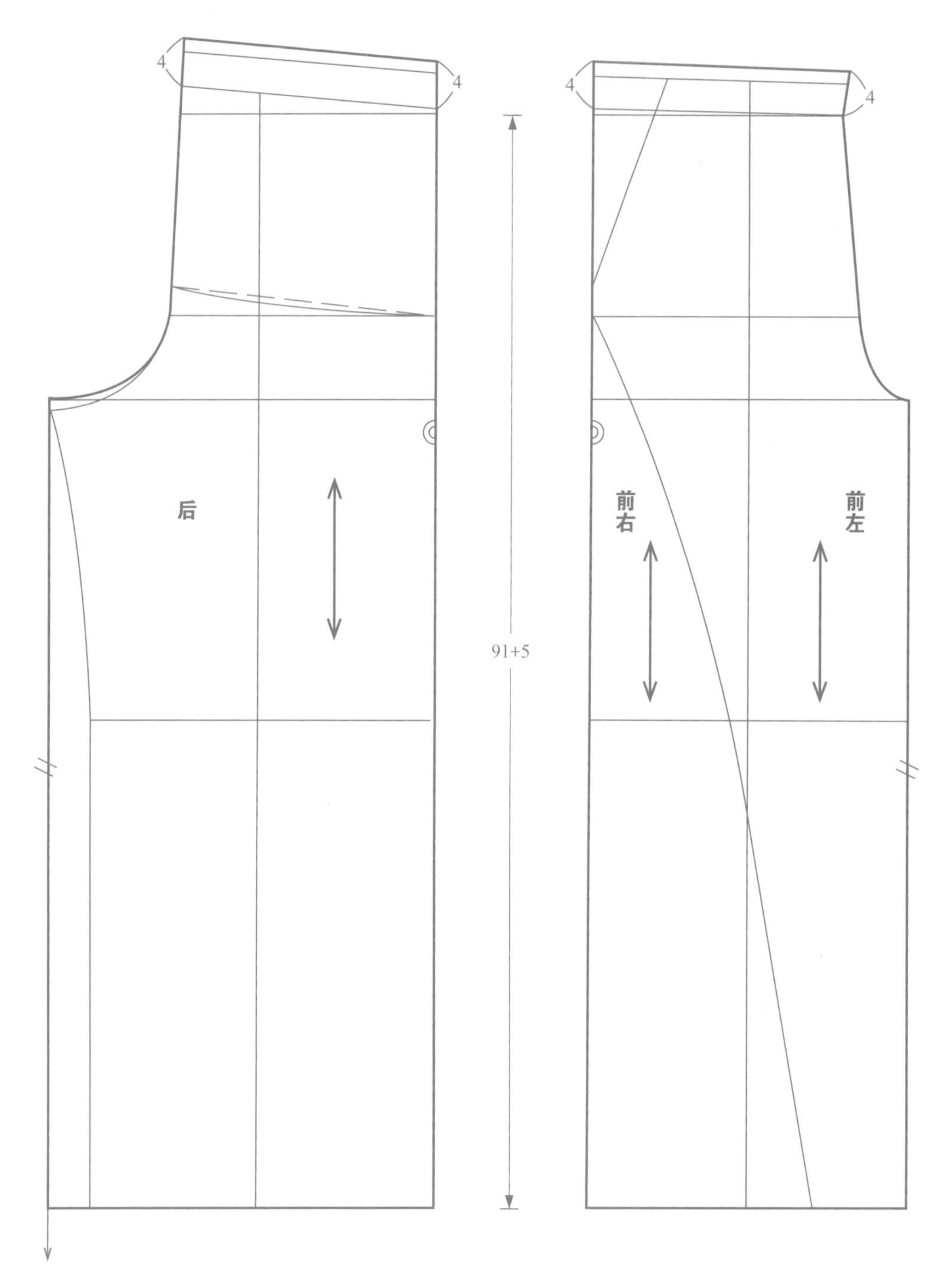

图 4-77

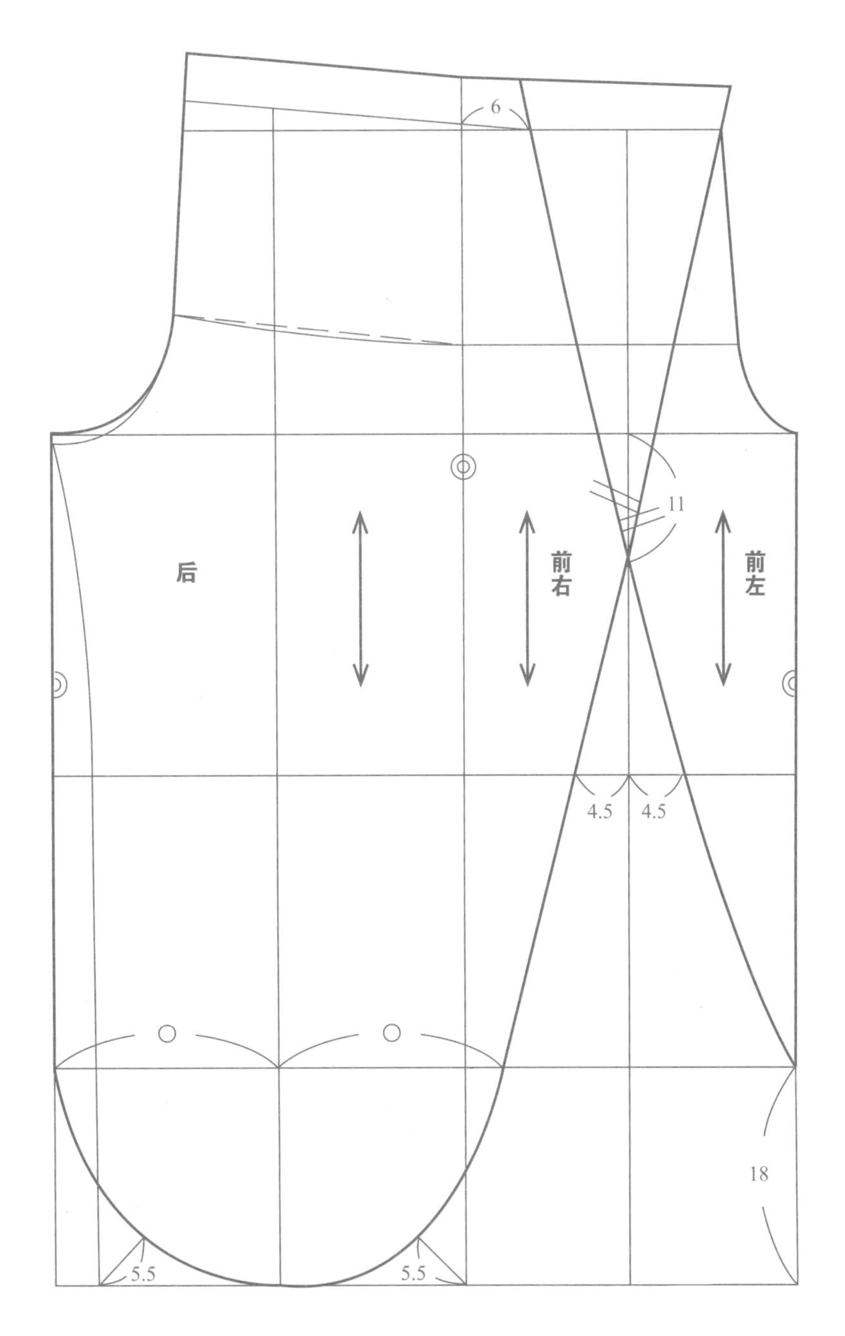

图 4-78

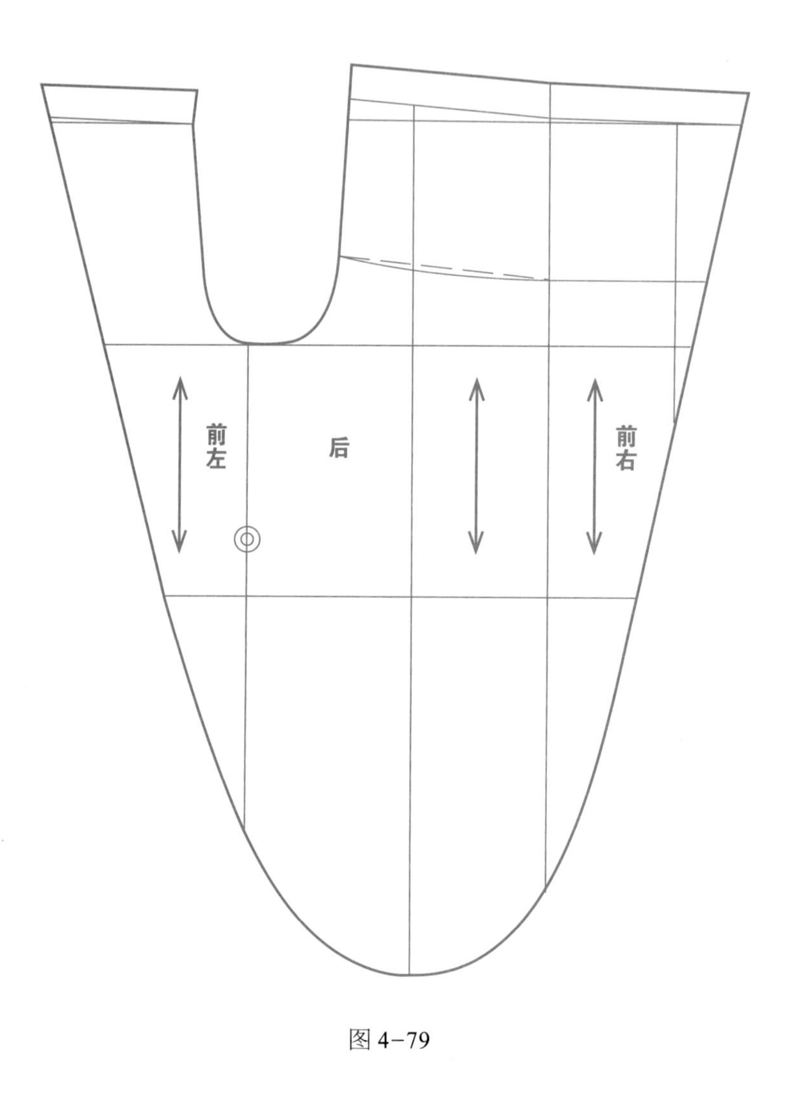

图 4-79

7. 时尚款裤型变化案例七：三片休闲短裤

7.1　款式特点分析

此款短裤有三片结构，侧缝处有分割片，臀部松量适中，腰部松紧系带装饰，整体造型轻松、休闲（图4-80、图4-81）。具体规格尺寸设计见表4-18。

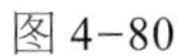

图4-80

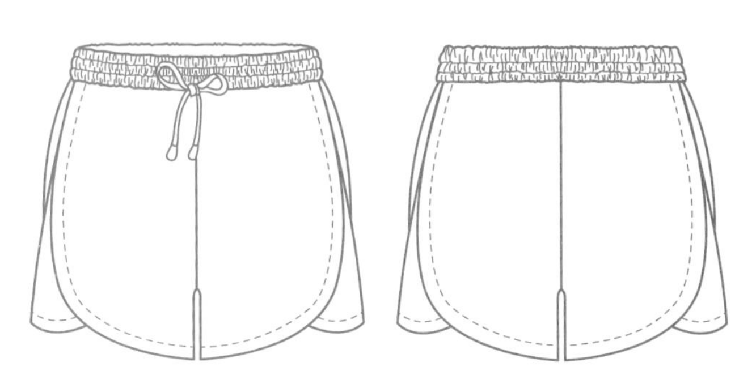

图4-81

表4-18　规格表　　单位：cm

号／型	部位	裤长	腰围（W）	臀围（H）	上裆长	腰长	腰头宽
160/68A	净体尺寸	91	68	90	25	18	—
	成品尺寸	36	69	96	25	18	4

7.2　结构制图要点

① 制图步骤与基础裤（图2-2）的制图步骤基本相同。裤长取32cm，后裆下落量为2.5cm，绘制如图4-82所示。

② 依据款式造型，前后裤片在侧缝处进行分割，绘制如图4-82所示。

③ 腰头宽4cm，腰头内装长度69cm的松紧带，绘制如图4-82所示。

④ 侧缝片纸样合并，绘制如图4-83所示。

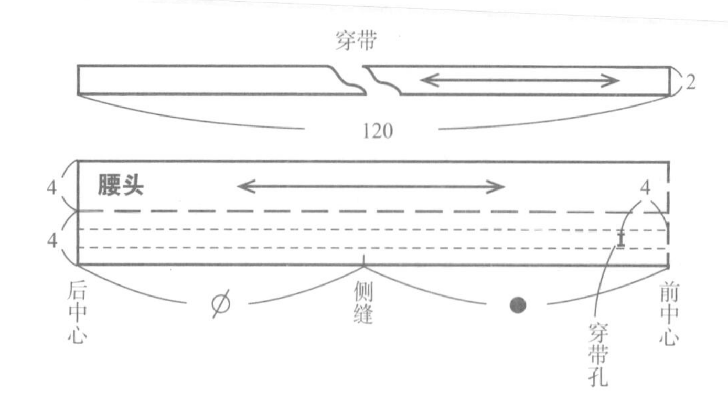
穿带
2
120
腰头
4
4
4
后中心
侧缝
前中心
穿带孔

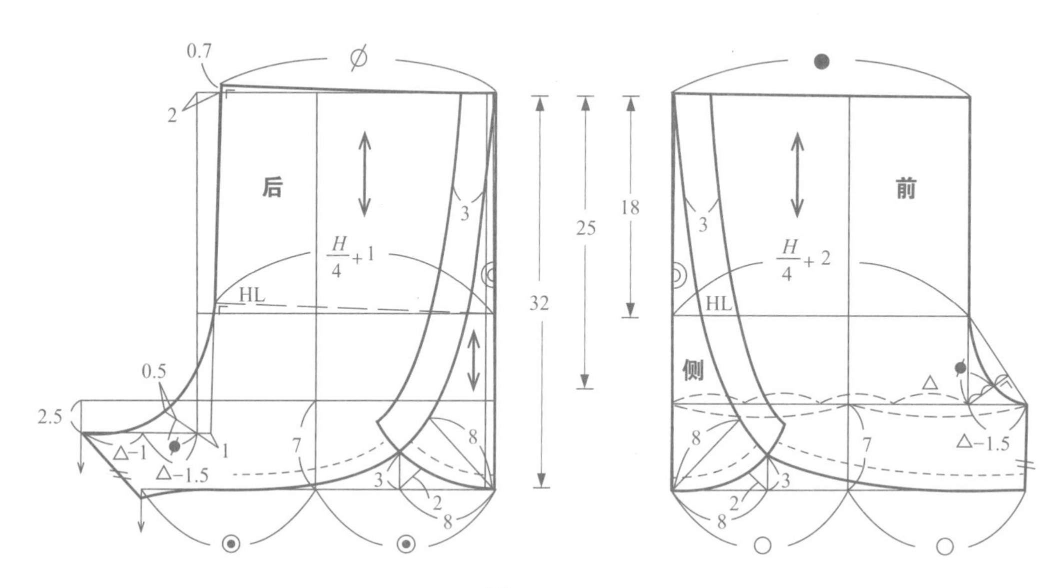
0.7
2
后
前
3
25
18
32
HL
侧
0.5
2.5
△-1
△-1.5
1
7
8
3
2
△

图 4-82

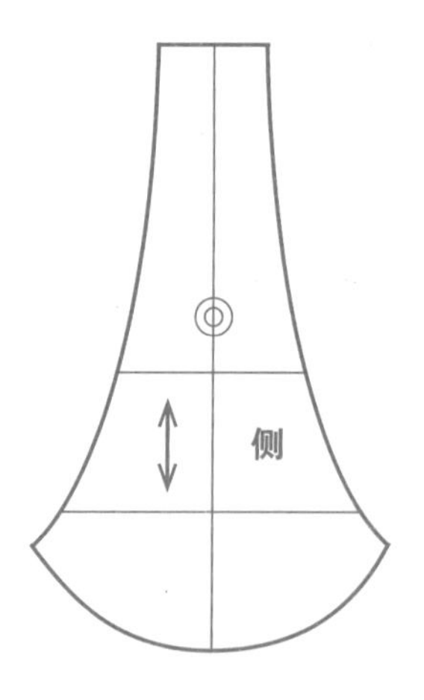
侧

图 4-83

7.3 款式拓展要点分析一：四片时尚九分裤

此款裤型裤腿部分有四片结构，且前、后侧缝片较短，面料挺括有型，造型时尚新颖。后裤片中缝处装有隐形拉链开口（图 4-84、图 4-85）。具体规格尺寸设计见表 4-19。

图 4-84　　图 4-85

表 4-19　规格表　　单位：cm

号 / 型	部位	裤长	腰围（*W*）	臀围（*H*）	上裆长	腰长	腰头宽
160/68A	净体尺寸	91	68	90	25	18	—
	成品尺寸	95	69	—	25	18	4

7.4 结构设计变化要点

① 结构制图可以在基础裤（图 2-2）的结构制图 2-6 的基础上变化得到。裤长 91cm，也可以在基础图上减 5cm 得到，绘制如图 4-86 所示。

② 前、后裤片下裆弧线依款式造型变化，绘制如图 4-86 所示。

③ 前裤片腰省移到分割线处，绘制如图 4-86 所示。

④ 前、后裤片侧部依款式造型变化，绘制如图 4-86 所示。

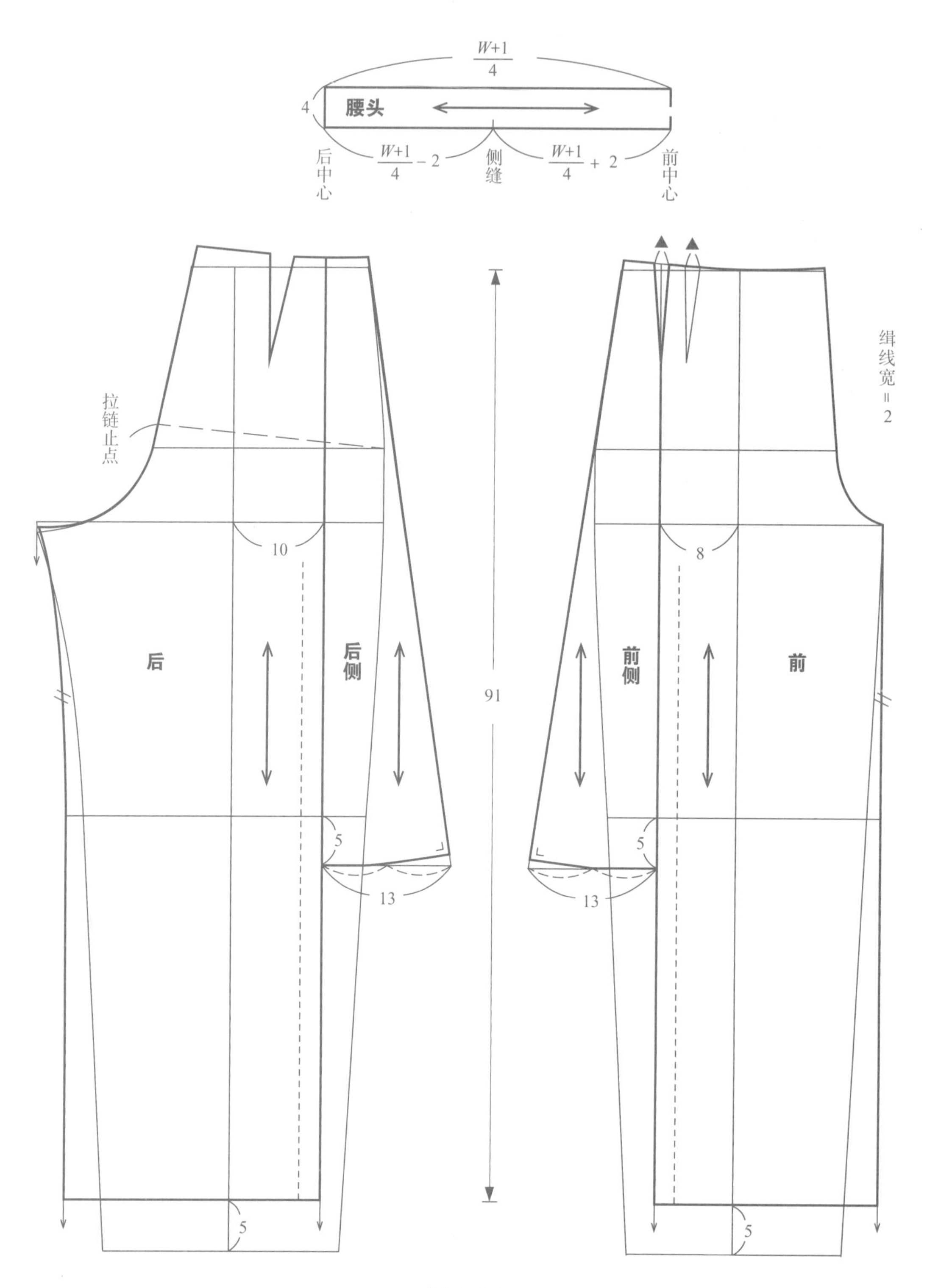

$\frac{W+1}{4}$
4
腰头
后中心
$\frac{W+1}{4}-2$
侧缝
$\frac{W+1}{4}+2$
前中心
拉链止点
10
后
后侧
5
13
5
91
缉线宽=2
8
前侧
前
5
13
5

图 4-86

8. 时尚款裤型变化案例八：落裆收腿裤

8.1 款式特点分析

此款裤型上裆尺寸较大，形成落裆宽松造型。小腿部收紧，腰部穿松紧带收腰，前裤片有单牙斜插袋。面料稍有弹性，款式轻松、休闲随意（图 4–87、图 4–88）。具体规格尺寸设计见表 4–20。

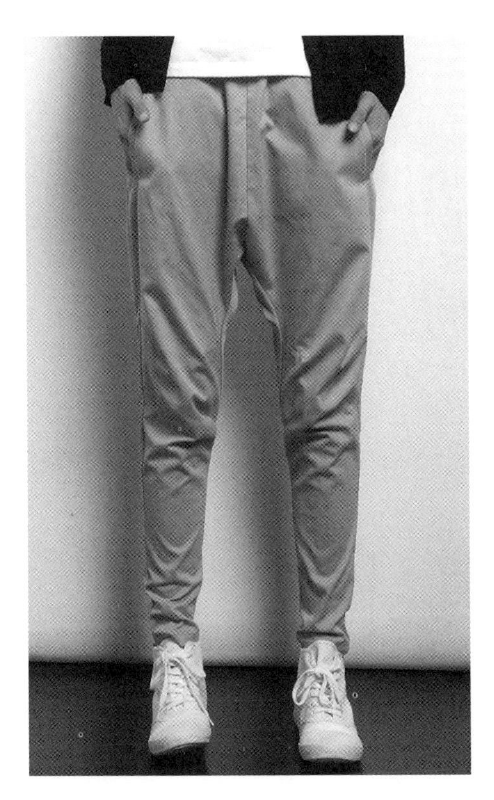

图 4–87

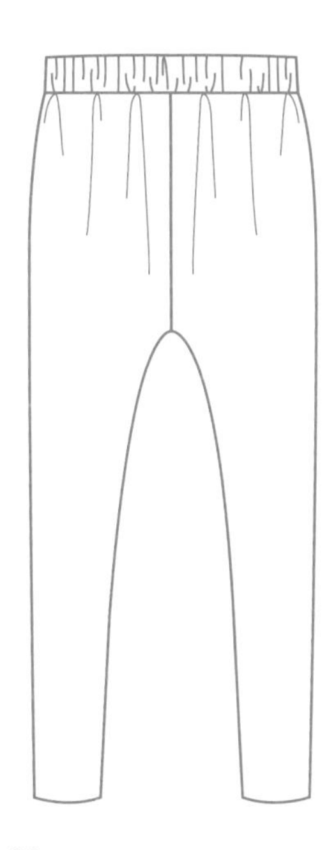

图 4–88

表 4–20　规格表　　单位：cm

号 / 型	部位	裤长	腰围（W）	臀围（H）	上裆长	腰长	腰头宽
160/68A	净体尺寸	91	68	90	25	18	—
	成品尺寸	98	69	—	33	18	4

8.2 结构制图要点

① 结构制图可以在基础裤（图 2–2）的结构制图 2–6 的基础上变化得到。裤长 91cm+3cm，也可以在基础图上减 2cm 得到。绘制如图 4–89 所示。

② 前裤片切展线位置，绘制如图 4–89 所示。

③ 前裤片单牙斜插袋位置，绘制如图 4–90 所示。

④ 前裤片沿切展线平行展开 2cm，作为省量。省位的参考线，绘制如图 4-90 所示。

⑤ 按省量折叠纸样后，进行边缘轮廓的修正，绘制如图 4-91 所示。

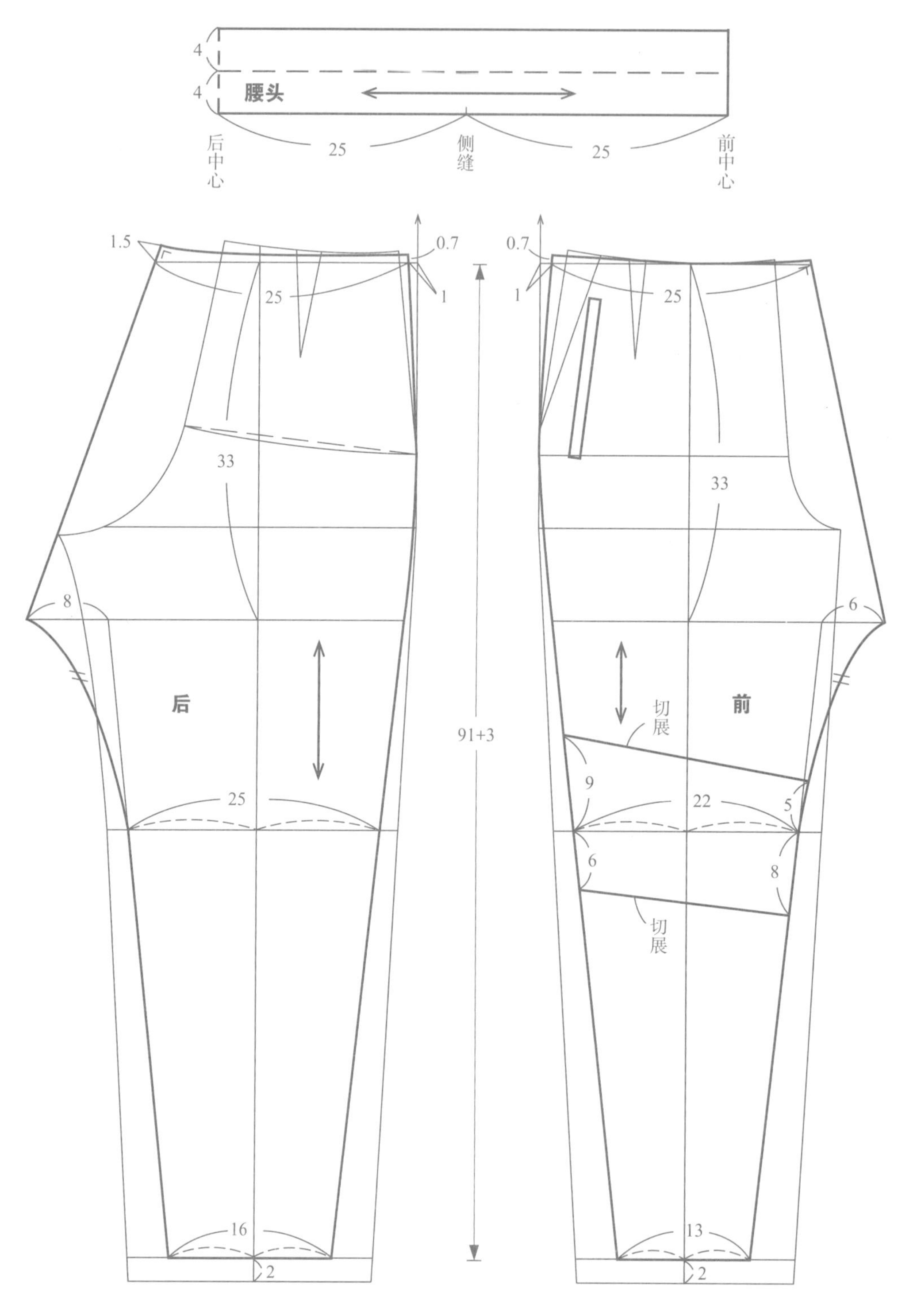

图 4-89

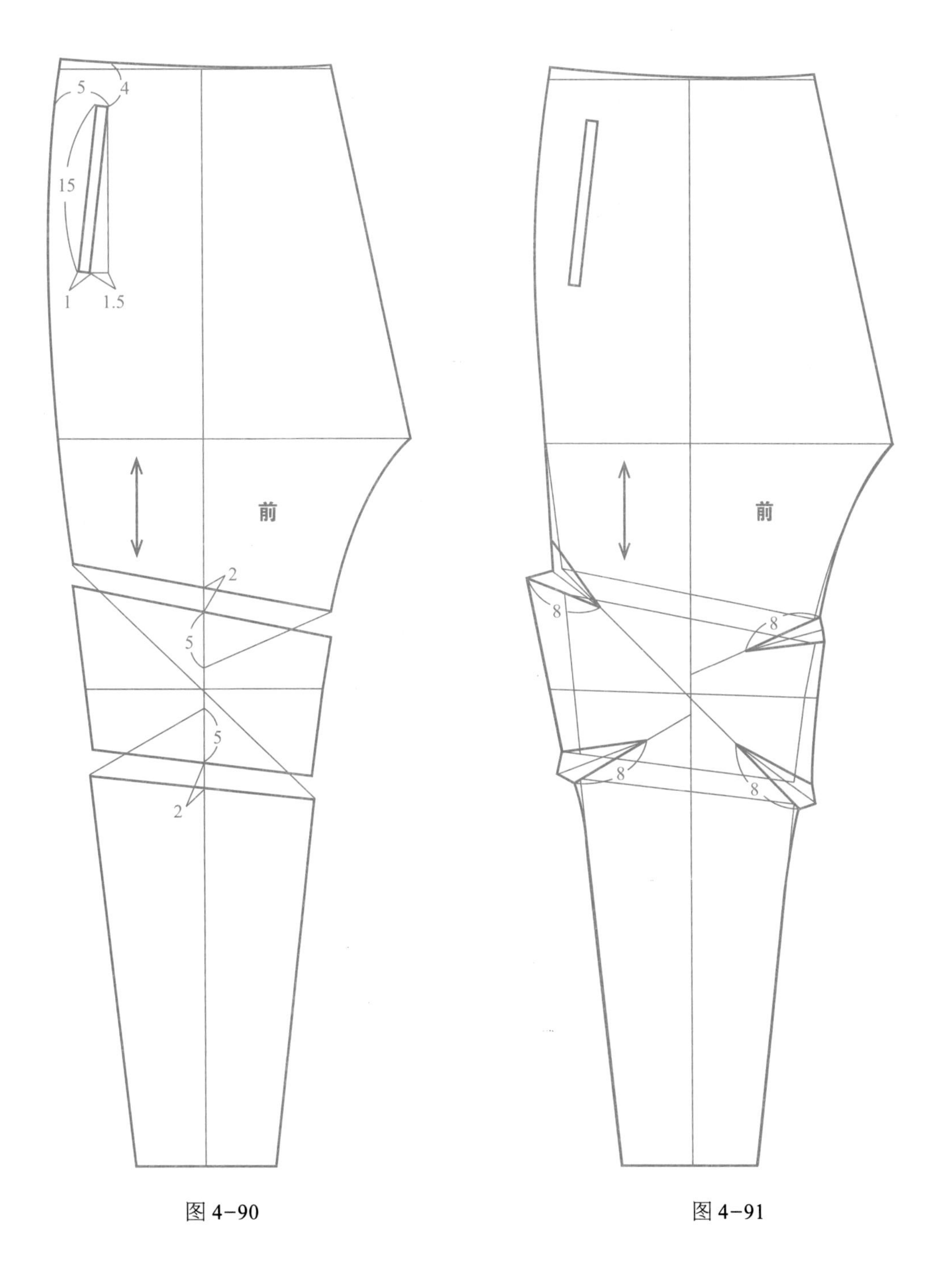

图 4-90　　图 4-91

8.3 款式拓展要点分析一：低腰落裆九分裤

此款裤型低腰落裆，前、后中心裆部有分割片结构。裤门襟开口在左侧分割线处，腰头在侧缝位置穿松紧带收腰。后裤片裤脚处有针织罗纹收紧脚口（图 4-92、图 4-93）。具体规格尺寸设计见表 4-21。

图 4-92

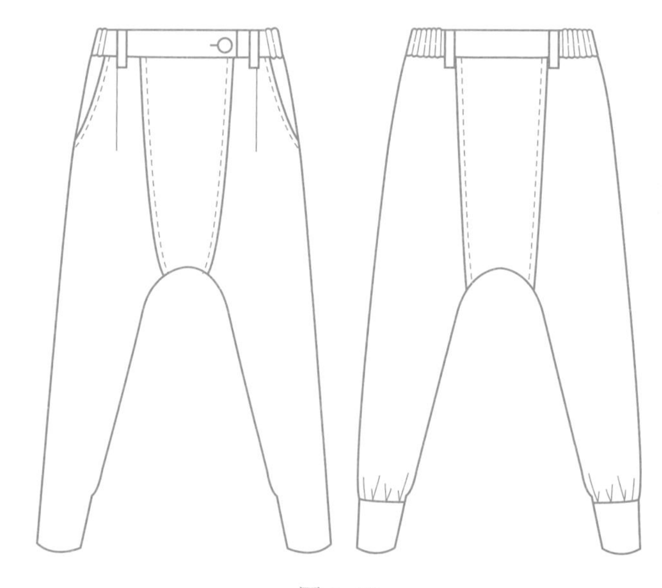

图 4-93

表 4-21　规格表　　单位：cm

号／型	部位	裤长	腰围（W）	臀围（H）	上裆长	腰长	腰头宽
160/68A	净体尺寸	91	68	90	25	18	—
	成品尺寸	92	70	—	37	18	4

8.4 结构设计变化要点

① 结构制图可以在图 4-87 的结构制图 4-89 的基础上变化得到。裤长 91cm+1cm，也可以在图 4-89 裤长的基础上减 2cm 得到。上裆长尺寸在图 4-89 的基础上下落 4cm，绘制如图 4-94 所示。

② 依款式造型，下裆弧线绘制如图 4-94 所示。

③ 前后裤片中心处分割线绘制如图 4-94 所示。

④ 后裤片裤脚处针织罗纹绘制如图 4-94 所示。

⑤ 腰头在侧缝前后穿松紧带，绘制如图 4-95 所示。

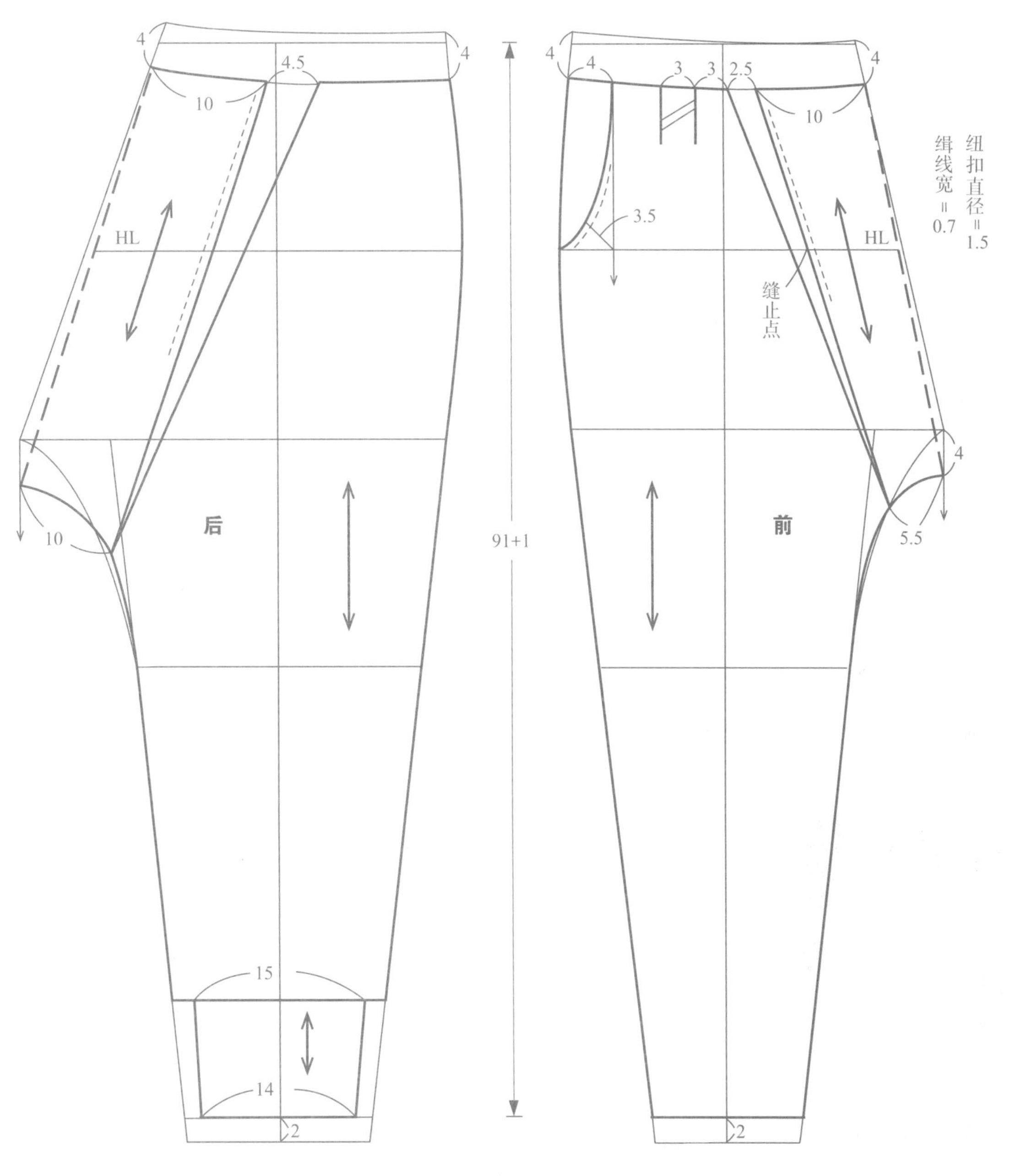
4
4.5
4
10
HL
10
后
91+1
15
14
2
4
4
3
3
2.5
4
10
3.5
HL
缝止点
纽扣直径＝1.5
缉线宽＝0.7
4
前
5.5
2

图 4-94

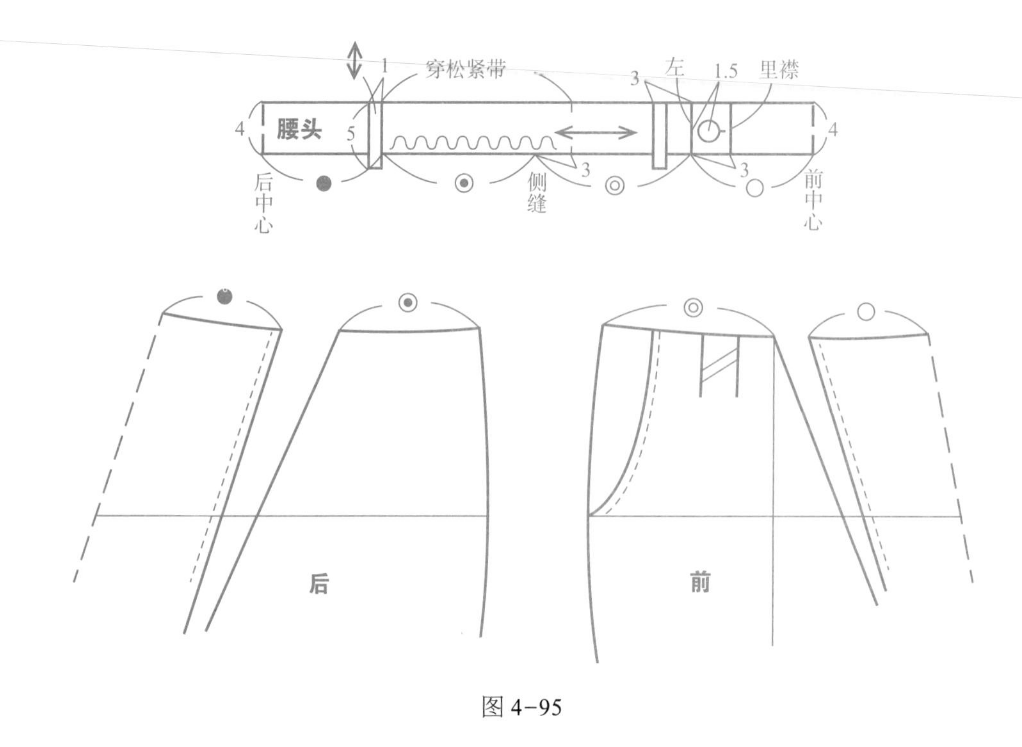

图 4-95

9. 时尚款裤型变化案例九：连裆牛仔短裤

9.1　款式特点分析

此款牛仔短裤前、后裤片下裆弧线部位连成一片，在上裆弧线底部缝合。腰、臀部较合体，裤腿部分较宽松。后裤片有两个贴袋（图 4-96、图 4-97）。具体规格尺寸设计见表 4-22。

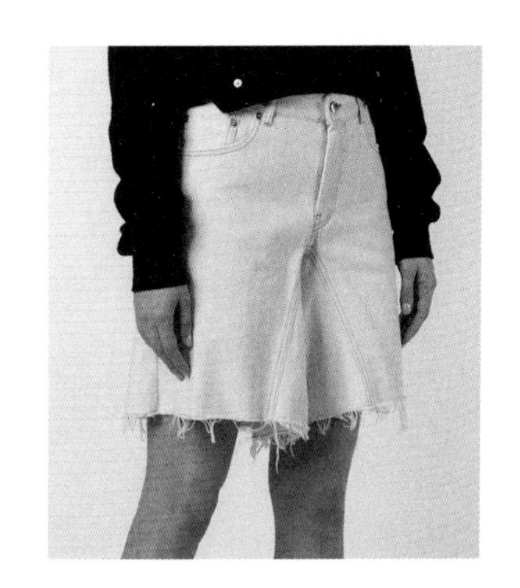

图 4-96

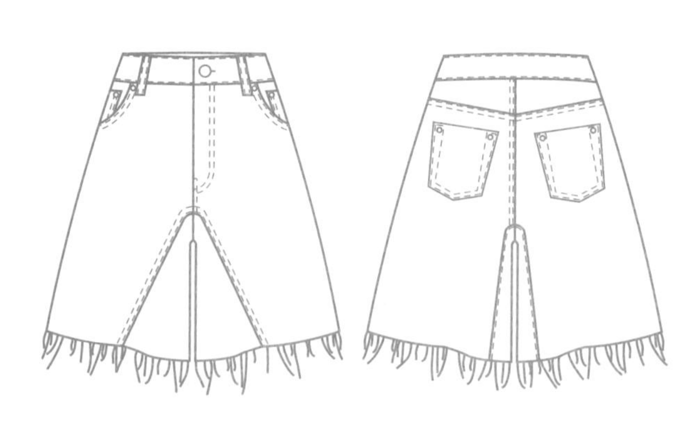

图 4-97

表 4-22　规格表　　单位：cm

号 / 型	部位	裤长	腰围（W）	臀围（H）	上裆长	腰长	腰头宽
160/68A	净体尺寸	91	68	90	25	18	—
	成品尺寸	48	69	94	25	18	4

9.2 结构制图要点

① 制图步骤与基础裤（图 2-2）的制图步骤基本相同。裤长取 48cm，绘制如图 4-98 所示。

② 腰线下落，前腰省量通过腰部的纸样拼合及利用口袋弯势去掉，后腰省量通过腰部及后裤片育克结构的纸样拼合去掉，裤身部分省量在两侧去掉，绘制如图 4-98 所示。

③ 裤片前、后裆部分割线绘制如图 4-98 所示；裤片前、后裆部纸样拼合绘制如图 4-99 所示。

④ 前裤片口袋绘制如图 4-100 所示。

⑤ 后裤片口袋绘制如图 4-101 所示。

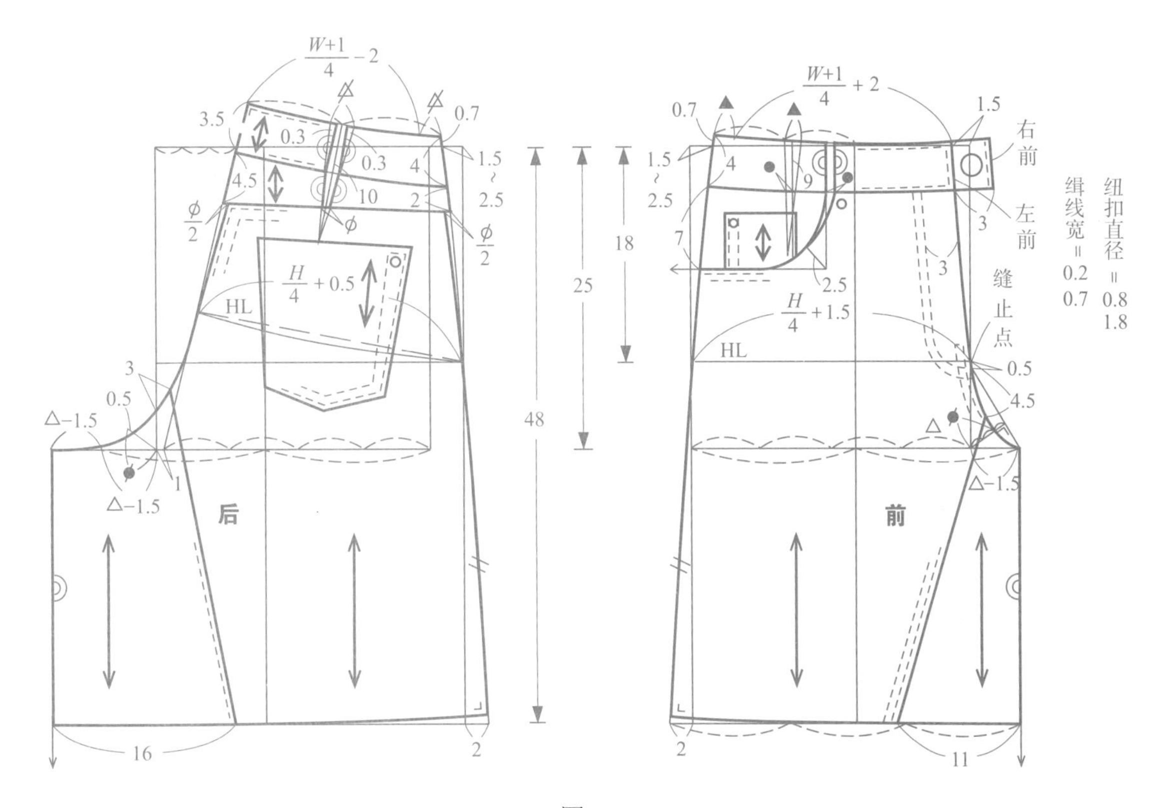

图 4-98

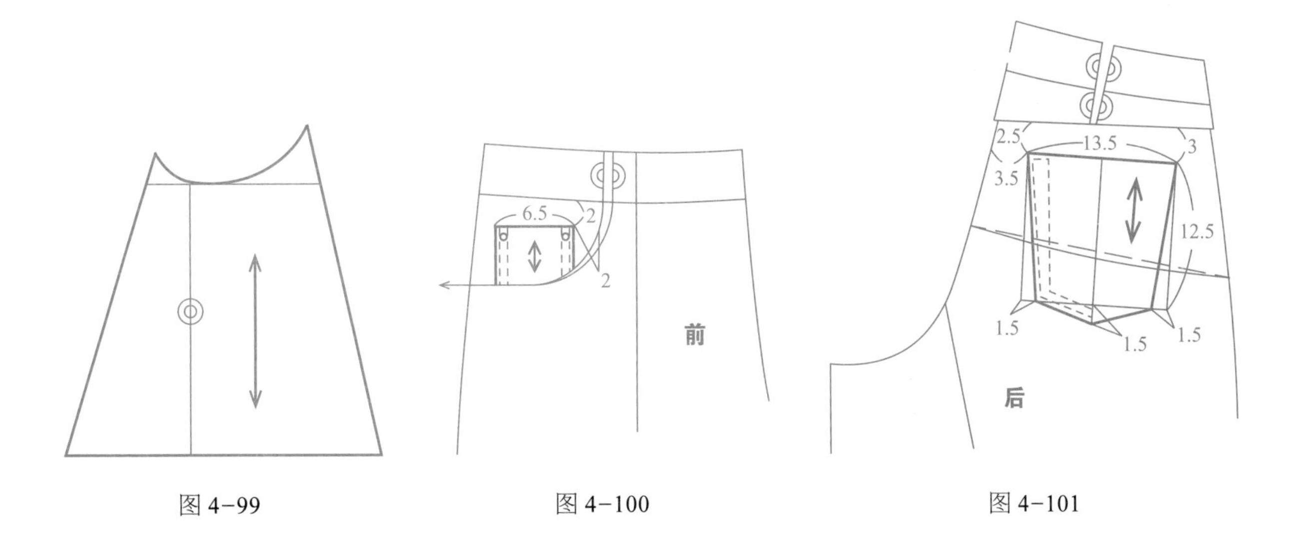

图 4-99　　图 4-100　　图 4-101

⑥ 前腰头纸样拼合，绘制如图 4-102 所示。

⑦ 后腰头纸样拼合，绘制如图 4-103 所示。

⑧ 后育克纸样拼合，并进行修正，绘制如图 4-104 所示。

⑨ 前、后腰头纸样拼合，串带及纽扣位置，绘制如图 4-105 所示。

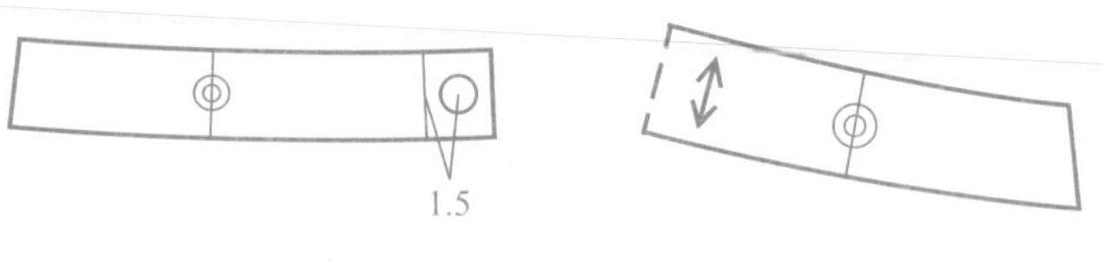

图 4-102　　图 4-103

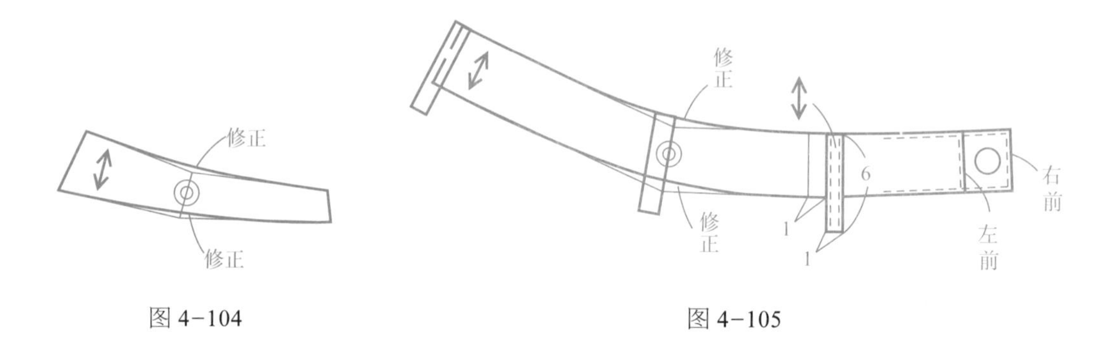

图 4-104　　图 4-105

9.3　款式拓展要点分析一：连裆抽褶休闲裤

此款裤型裆部稍下落，前后下裆弧线及上裆弧线底部连成一片，此部位布片为针织面料，利用针织面料的柔软与弹性，增加裤子的适体性和舒适性。裤腿部分在分割线处有抽褶装饰设计，前、后裤片各有两个形状不同的贴袋（图 4-106、图 4-107）。具体规格尺寸设计见表 4-23。

图 4-106

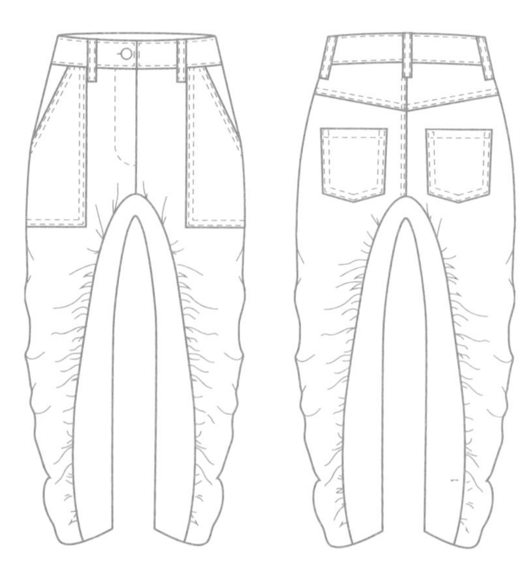

图 4-107

表 4-23　规格表　　单位：cm

号/型	部位	裤长	腰围（W）	臀围（H）	上裆长	腰长	腰头宽
160/68A	净体尺寸	91	68	90	25	18	—
	成品尺寸	78	69	95	26	18	4

9.4　结构制图要点

① 制图步骤与基础裤（图 2-2）的制图步骤基本相同。裤长取 78cm，上裆长尺寸 25cm+1cm，绘制如图 4-108 所示。

② 腰线下落，前腰省量通过腰部的纸样拼合及利用侧缝弯势去掉。后腰省量通过腰部及后裤片育克结构的纸样拼合去掉，裤身部分省量在侧缝处去掉，绘制如图 4-108 所示。

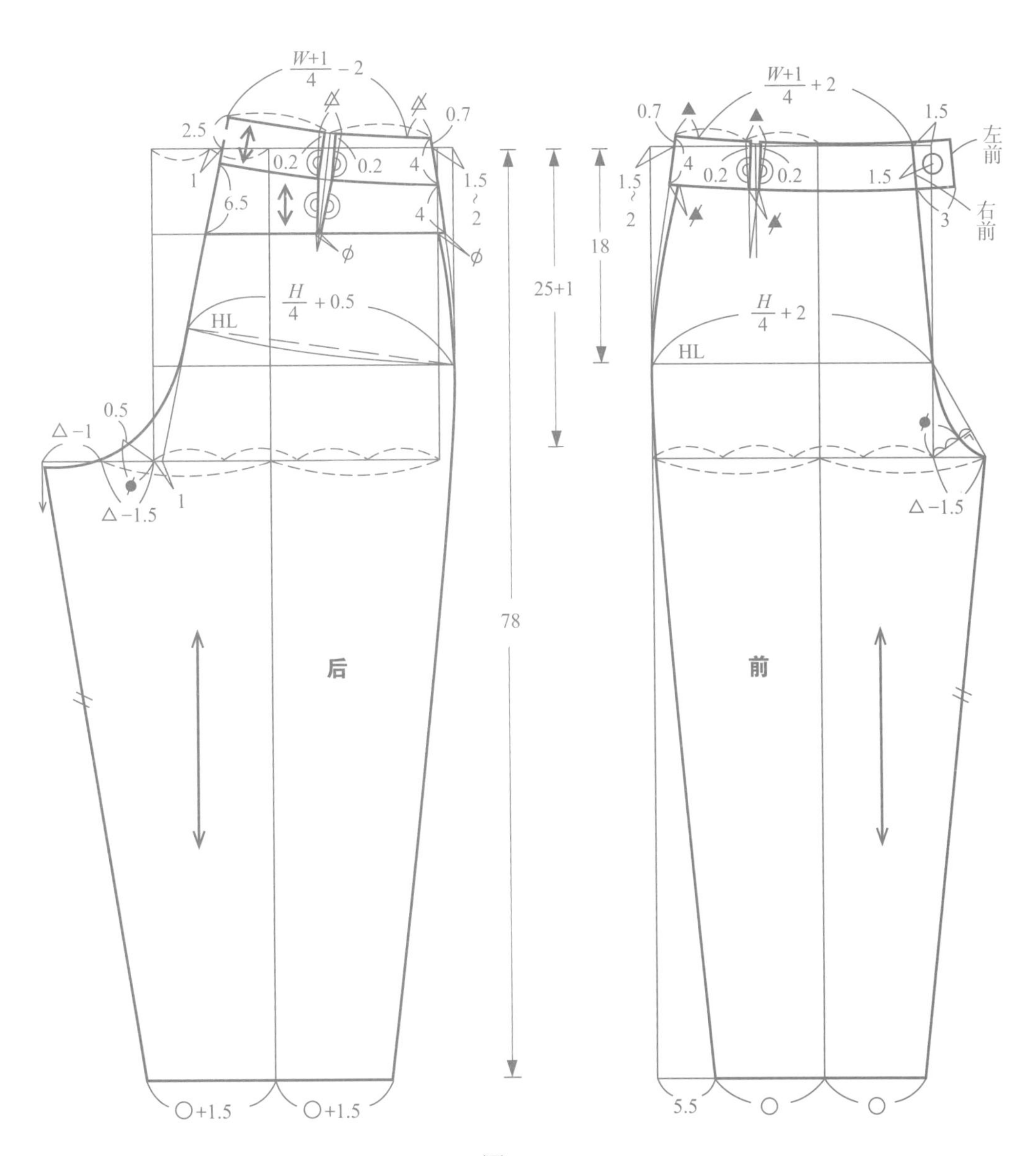

图 4-108

③ 前后裤片贴袋绘制如图 4-109 所示。

④ 前、后裤片褶量切展线绘制如图 4-109 所示。

⑤ 前、后裤片每个切展线分别拉开 3.5cm，轮廓线修正圆顺，绘制如图 4-110、图 4-111 所示。

⑥ 前、后裤片裆宽尺寸依款式造型相应加宽，设定尺寸为 22cm，绘制如图 4-112 所示。

⑦ 前腰头纸样拼合，绘制如图 4-113 所示。

⑧ 后腰头纸样拼合，绘制如图 4-114 所示；后育克纸样拼合，并进行修正，绘制如图 4-115 所示。

⑨ 前、后腰头纸样拼合，串带及纽扣位置，绘制如图 4-116 所示。

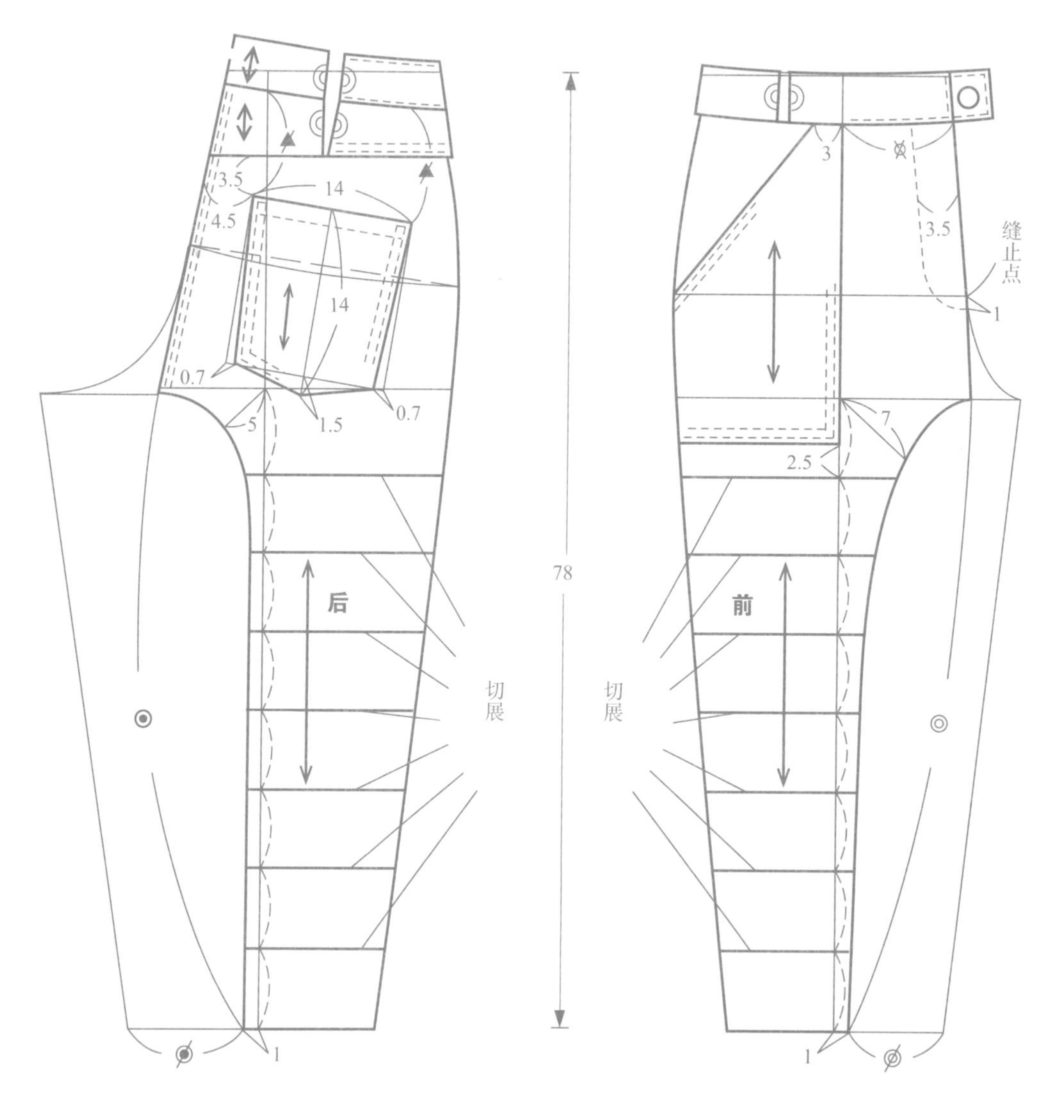

图 4-109

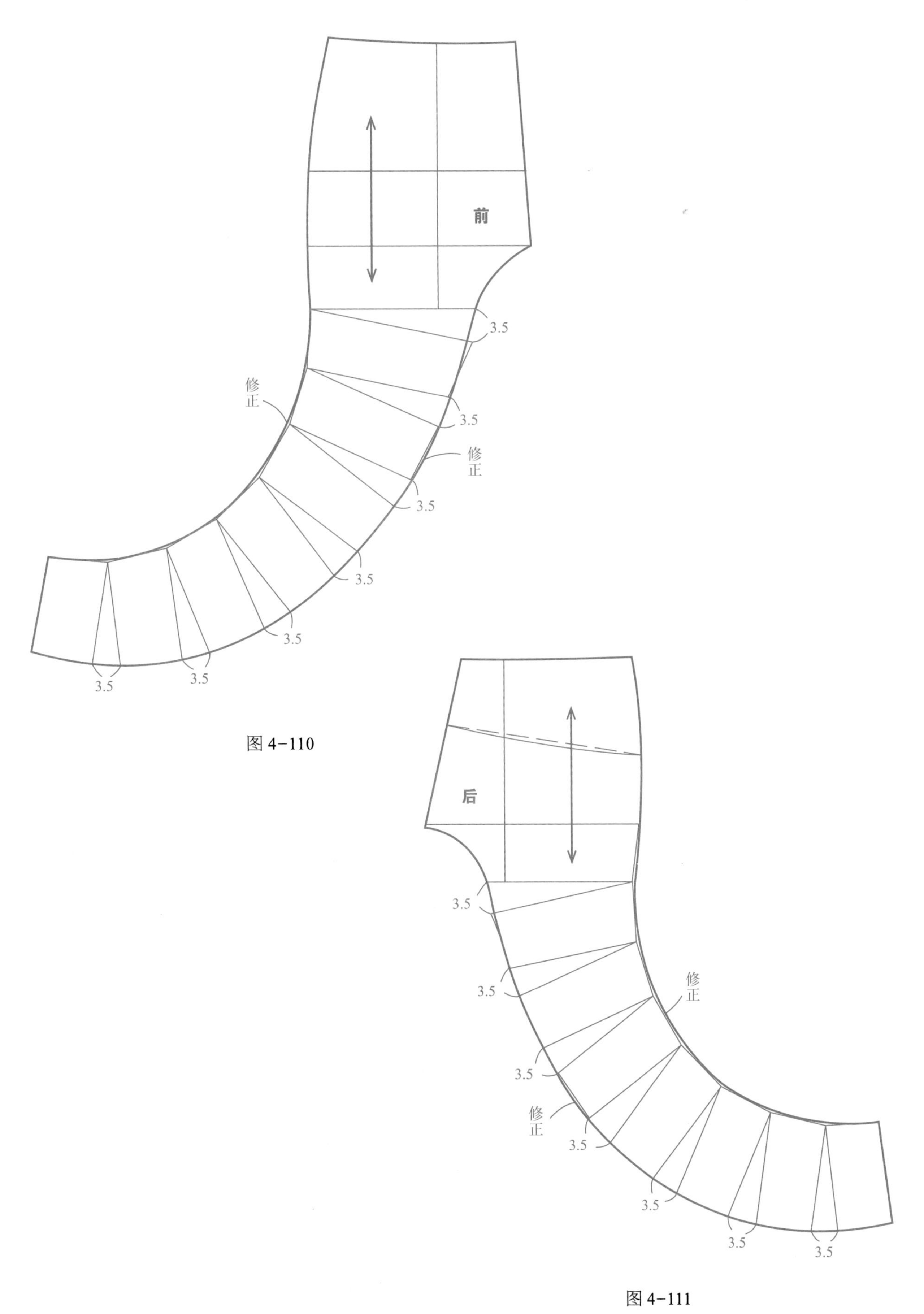

图 4-110

图 4-111

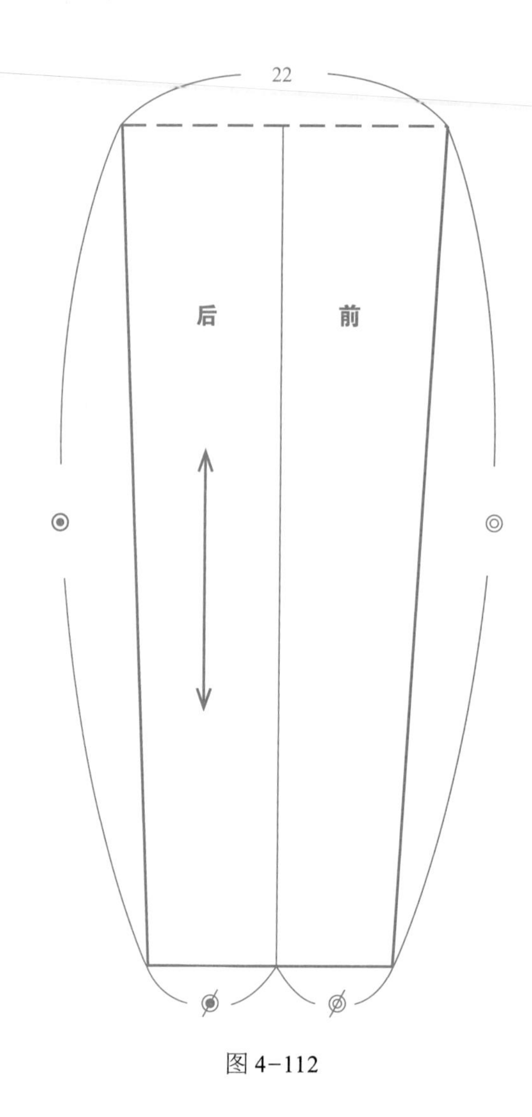

图 4-112

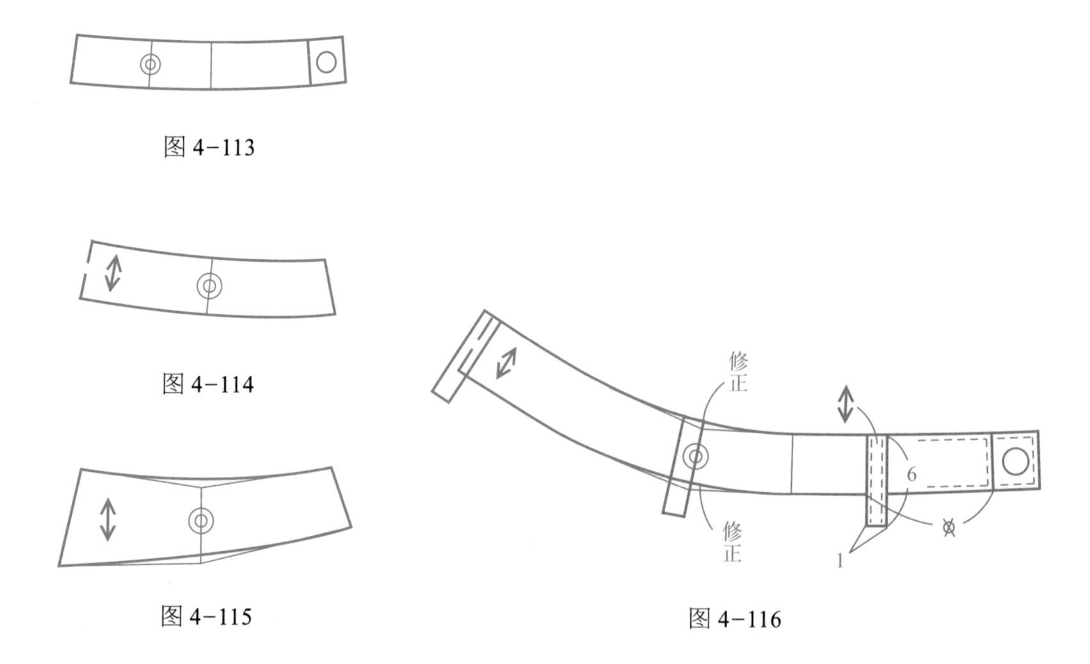

图 4-113

图 4-114

图 4-115

图 4-116

10. 时尚款裤型变化案例十：牛仔背带裤

10.1 款式特点分析

此款背带裤为八分裤长，前裤片中心处有拉链开口设计，同时腰部左右两侧以金属扣开口固定并装饰。前裤片腰部断开，左右各有一个斜插挖袋，并嵌有拉链装饰。后裤片腰部相连无接缝，左右各有一个贴袋（图 4–117、图 4–118）。具体规格尺寸设计见表 4–24。

图 4–117

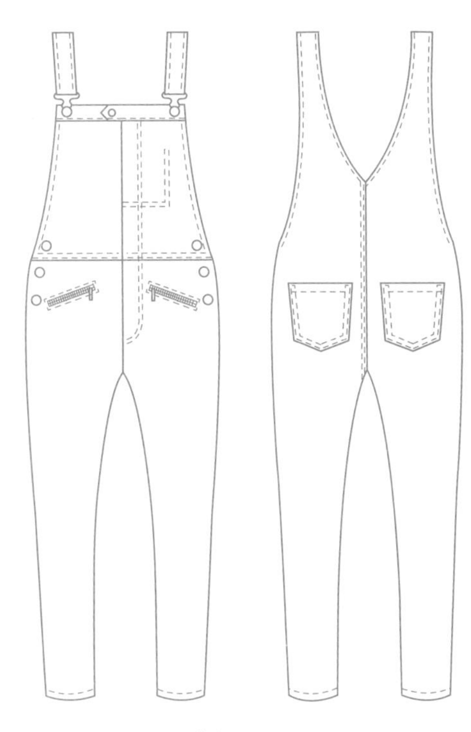

图 4–118

表 4–24　规格表　　单位：cm

号 / 型	部位	裤长	腰围（W）	臀围（H）	上裆长	腰长
160/68A	净体尺寸	91	68	90	25	18
	成品尺寸	118	—	95	26	18

10.2 结构制图要点

① 上身采用 160/84 号型的衣身原型，背长 38cm；下身裤子制图步骤与基础裤（图 2–2）的制图步骤基

本相同，裤长取 80cm，上裆尺寸 25cm+1cm。上下身腰部相连，绘制如图 4-119 所示。

② 前裤片中心腰围分割线处修成直角，绘制如图 4-119 所示。

③ 背带裤后裤片上下身相连腰部无接缝，肩带起调节舒适度作用，肩带部位绘制如图 4-120 所示。

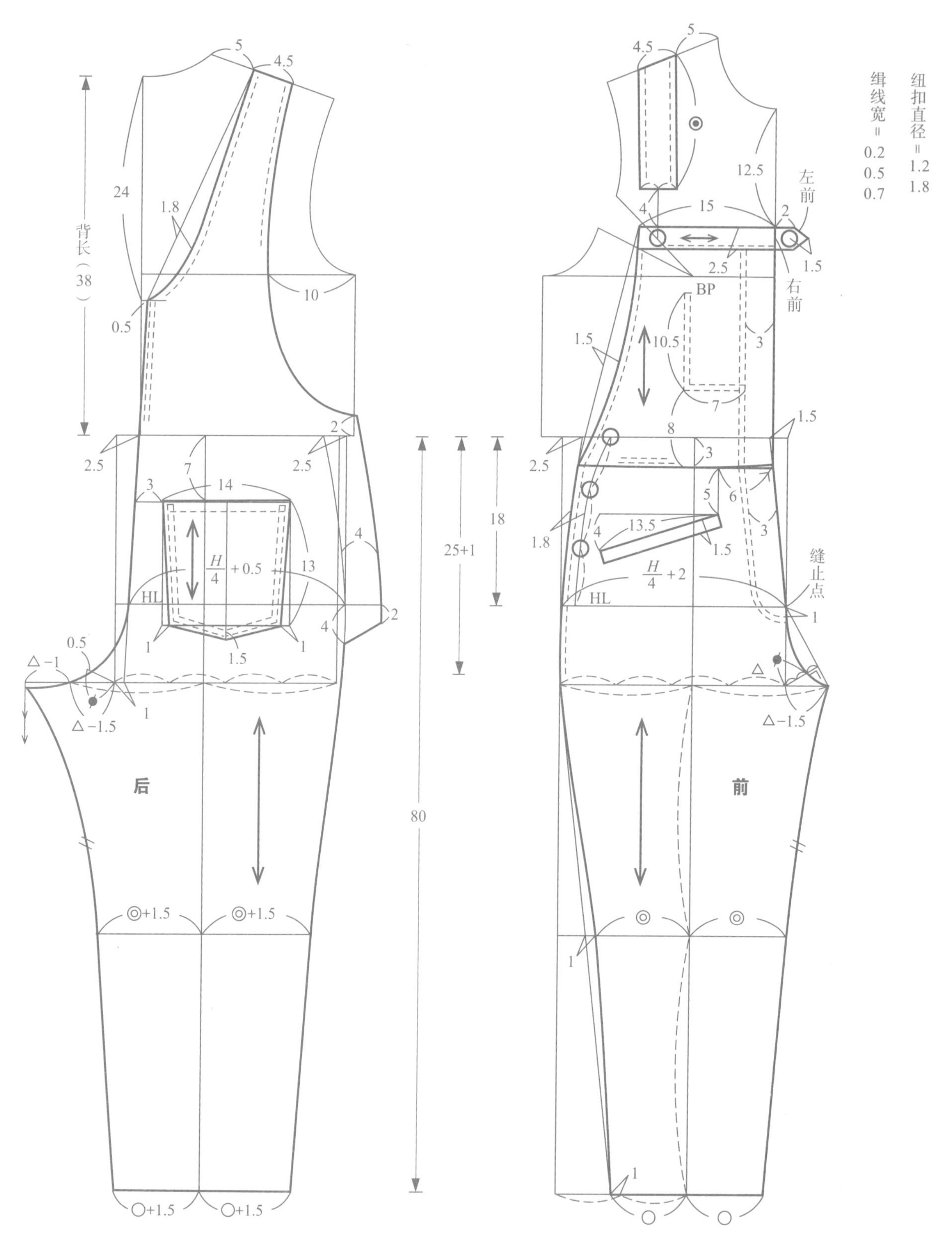

图 4-119

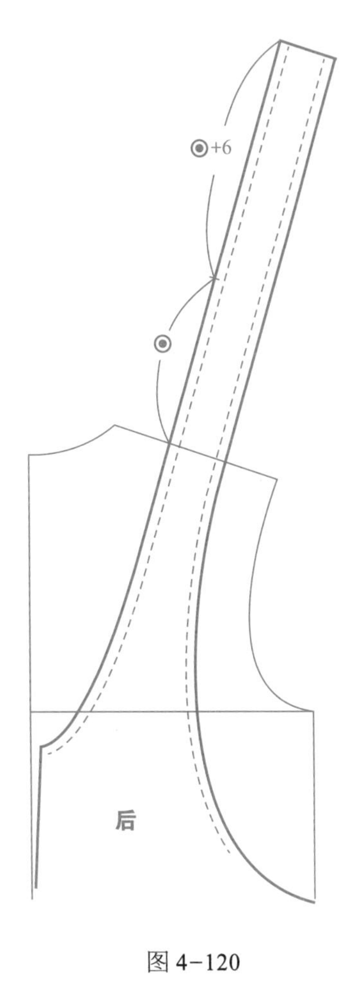

图 4-120

后 记

如何增强学生服装结构设计的实际应变能力，如何构建完整的、可持续发展的服装结构设计思维，如何形成学校教育与企业需求的有效途径，是一个大的课题，希望本书能够抛砖引玉，希望同行和前辈提出宝贵意见共同探讨。

本书以日本文化服装学院裤装结构制图方法为主，对提供相关理论依据的同行表示深深的感谢！随着书稿的完成，编者深感日本文化服装学院结构制图方法的完整性、科学性和可持续发展性，希望通过编者的努力能够让更多的人知道、了解、熟悉、掌握并运用它。在本书编写过程中，刘奕彤、白杨、王琛等同学为本书的插图做了大量辛苦的工作，在此表示衷心的感谢！

作者

2020 年 1 月